U0268799

豫北丘陵典型产业区规划环境中的水文地质勘查技术研究

孟　冲　马丹丹　郑　严　李沛原　刘旭阳　　著
罗　金　吴　江　任万龙　刘敬明　孙亚楠

黄河水利出版社
·郑州·

内 容 提 要

本书根据国家"水十条"和河南省"碧水蓝天计划"等相关政策,依据生态环境部对规划环境影响评价中地下水环境影响评价的要求,依托孟州市产业集聚区规划环境影响评价地下水勘查工作,主要从工程分析、区域水文地质条件、场地水文地质特征、环境质量现状监测与评价、地下水污染模拟预测、地下水污染监控与应急措施等方面展开介绍,将传统水文地质勘查工作与区域经济发展和环境保护相结合,通过水文地质勘查、地下水环境影响预测与评价,制订地下水环境影响跟踪监测计划,提出预防或者减轻不良影响的对策和措施,以及切实可行的地下水环境保护措施和地下水环境影响跟踪监测计划,为豫北平原丘陵典型产业集聚区地下水环境保护提供科学依据。

本书可供从事规划环境影响评价及涉水项目建设的工程技术人员,以及相关领域的研究人员阅读参考。

图书在版编目(CIP)数据

豫北丘陵典型产业区规划环境中的水文地质勘查技术研究/孟冲等著. --郑州:黄河水利出版社,2024.
12. --ISBN 978-7-5509-3911-0

Ⅰ. P641.72

中国国家版本馆 CIP 数据核字第 2024YQ9901 号

组稿编辑　田丽萍　电话:0371-66025553　E-mail:912810592@qq.com

责任编辑　景泽龙　　　　　责任校对　高军彦
封面设计　黄瑞宁　　　　　责任监制　常红昕
出版发行　黄河水利出版社
　　　　　地址:河南省郑州市顺河路49号　邮政编码:450003
　　　　　网址:www.yrcp.com　E-mail:hhslcbs@126.com
　　　　　发行部电话:0371-66020550
承印单位　河南新华印刷集团有限公司
开　　本　787 mm×1 092 mm　1/16
印　　张　7
字　　数　160 千字
版次印次　2024 年 12 月第 1 版　2024 年 12 月第 1 次印刷
定　　价　50.00 元

前　言

　　环境影响评价制度诞生于 20 世纪 60 年代的美国,20 世纪 70 年代末引入中国。环境影响评价是对规划或建设项目潜在的环境影响的理性、客观的预测。规划环境影响评价工作的目的是从源头预防环境污染和生态破坏,对促进经济、社会和环境的全面协调可持续发展具有十分重要的意义。

　　孟州市产业集聚区地处豫北,位于洛阳盆地和济源盆地之间,是全国重要的交通运输设备制造基地、生物化工基地、皮毛加工及制品生产基地,黄河自西北向东南自本区南部边界流过。西片区位于北部黄土丘陵区,场地范围内主要为农田(旱田);东片区位于黄河冲洪积二级阶地,阶面西高东低,后缘向前缘倾斜,阶面上局部地区冲沟较发育。产业集聚区以设备制造、生物化工、皮毛加工及制品生产为主导产业,污染源主要来自集聚区内各企业在生产运行过程中产生的工艺废水和集聚区企业职工居住、商业、生活污水。

　　根据国家“水十条”和河南省“碧水蓝天计划”等相关政策,依据生态环境部对规划环境影响评价中地下水环境影响评价的要求,受孟州市产业集聚区管理委员会委托,河南省地质矿产勘查开发局第二地质环境调查院承担了孟州市产业集聚区规划环境影响评价地下水勘查工作。

　　孟州市产业聚集区是典型的平原丘陵二元结构,水文地质单元划分复杂,在产业园区规划环境进行地下水评价时需考虑跨水文地质单元、产业区内企业的污染分布特征等因素。在确定产业区内建设项目对地下水环境可能产生的直接影响、地下水环境敏感程度的基础上,通过现场调查、勘探的手段,查明产业园的水文地质单元划分,地下水类型,含水岩组的划分、富水性和水力联系,地下水的补径排特征、流场和动态特征;增加水文地质试验,包括注水试验、抽水试验、包气带渗水试验,确定不同地层、含水层的渗透性能;基于水文地质特征和产业园内的企业污染分布特征,确定合理的地下水监测点和土壤监测点,进行采样和测试分析,进行质量评价。根据质量评价结果,建立不同水文地质单元下的地下水和溶质运移模型,预测污染的扩散分布结果,提出合理的管控、监测和防治计划建议,取得了良好的成果,为类似的跨水文地质单元下的产业聚集区地下水环境影响评价中的水文地质勘查技术提供了经验参考。

　　本书依托孟州市产业集聚区规划环境影响评价地下水勘查工作成果,主要从工程分析、区域水文地质条件、场地水文地质特征、环境质量现状监测与评价、地下水污染模拟预测、地下水污染监控与应急措施等方面展开介绍,将传统水文地质勘查工作与区域经济发展和环境保护相结合,通过水文地质勘查、地下水环境影响预测与评价,制订地下水环境影响跟踪监测计划,提出预防或者减轻不良影响的对策和措施,以及切实可行的地下水环境保护措施和地下水环境影响跟踪监测计划,为豫北平原丘陵典型产业集聚区地下水环境保护提供科学依据。

　　本书由河南省地质局生态环境地质服务中心的孟冲、马丹丹、郑严、李沛原、刘旭阳、罗金、吴江、任万龙、刘敬明、孙亚楠撰写。在撰写的过程中,得到了河南省地质局生态环境地质服务中心、孟州市产业集聚区管委会等单位的大力支持,河南省地质局生态环境地质服务中心高级工程师王广华同志对本书的撰写给予了很大的支持与帮助,在此表示感谢!

尽管在编写过程中做了很多努力,但由于作者水平有限,书中难免存在不妥之处,敬请读者批评和指正。

作　者

2024 年 1 月

目 录

1 绪 论

1.1 项目概况

孟州市产业集聚区地处豫北,位于洛阳盆地和济源盆地之间,黄河自西北向东南自本区南部边界流过,主要地貌特征从北到南为丘陵、平原、黄河滩地等,是典型的平原丘陵二元结构。地形北高、南低,西北偏高,向东南逐渐降低。孟州市产业集聚区西片区位于北部黄土丘陵区,地形起伏较大,冲沟发育,场地范围内主要为农田(旱田);东片区位于黄河冲洪积二级阶地,地面标高 120~150 m,阶面西高东低,后缘向前缘倾斜,阶面上局部地区冲沟较发育。

产业园功能定位为:全国重要的交通运输设备制造基地、生物化工基地、皮革及其制品生产基地,孟州市经济增长区、城市产业中心、循环经济示范展区、改革创新实验区和现代化城市功能区。孟州市产业集聚区以装备制造、生物化工、皮革及其制品生产为主导产业,污染源主要来自集聚区内各企业在生产运行过程中产生的工艺废水和集聚区企业职工居住、商业、生活污水。产业区内丘陵区碎屑岩类裂隙水、黄河冲积平原区第四系松散岩类孔隙水水质监测评价以枯水期为代表。

1.2 目的与任务

根据生态环境部对规划环境影响评价中地下水环境影响评价的要求,受孟州市产业集聚区管理委员会委托,河南省地质矿产勘查开发局第二地质环境调查院承担了孟州市产业集聚区规划环境影响评价地下水勘查工作。

主要目的:通过水文地质勘查,为孟州市产业集聚区规划环境影响评价报告提供水文地质基础资料。通过地下水环境影响预测与评价,制订地下水环境影响跟踪监测计划,提出预防或者减轻不良影响的对策和措施,为集聚区地下水环境保护提供科学依据。

基本任务:详细掌握调查评价区环境水文地质条件,主要包括含(隔)水层结构及其分布特征、地下水补径排条件、地下水流场、地下水动态变化特征、各含水层之间以及地表水与地下水之间的水力联系等,详细掌握调查评价区内地下水开发利用现状与规划;开展地下水环境监测,详细掌握调查评价区地下水环境质量现状和地下水动态监测信息,进行地下水环境现状评价;基本查明场地环境水文地质条件,有针对性地开展勘查试验,确定场地包气带特征及其防污性能;采用数值法进行地下水环境影响预测,根据预测评价结果和场地包气带特征及其防污性能,提出切实可行的地下水环境保护措施与地下水环境影响跟踪监测计划,制订应急预案。

1.3 编制依据及工作程序

1.3.1 编制依据

1.3.1.1 法规及规范

(1)《中华人民共和国环境保护法》。

(2)《中华人民共和国环境影响评价法》。

(3)《中华人民共和国水污染防治法》。

(4)《中华人民共和国固体废物环境污染防治法》。

(5)《建设项目环境保护管理条例》(国务院第 253 号令)。

(6)《环境影响评价技术导则 地下水环境》(HJ 610—2016)。

(7)《供水水文地质勘察规范》(GB 50027—2001)。

(8)《地下水质量标准》(GB/T 14848—2017)。

(9)《生活饮用水卫生标准》(GB 5749—2006)。

(10)《地下水环境监测技术规范》(HJ/T 164—2004)。

(11)《区域水文地质工程地质环境地质综合勘查规范(比例尺 1∶50 000)》(GB/T 14158—1993)。

(12)《地下水动态监测规程》(DZ/T 0133—1994)。

(13)《工程测量规范》(GB 50026—2007)。

说明:本书涉及规范、标准均为规划编制时所适用的规范、标准。

1.3.1.2 技术资料

(1)《孟州市产业集聚区发展规划(2016—2030)》(河南省城乡规划设计研究总院)。

(2)《河南省城市集中式饮用水源保护区划》(豫政办〔2007〕125 号)。

(3)《河南省县级集中式饮用水源保护区划》(豫政办〔2013〕107 号)。

(4)《河南省乡镇集中式饮用水源保护区划》(豫政办〔2016〕23 号)。

(5)《河南省洛阳市吉利—白鹤地区供水水文地质初步勘察报告》(河南省地质矿产厅第二水文地质工程地质队,1991)。

(6)《中石化洛阳分公司 1 800 万吨/年炼油扩能改造项目环境影响评价地下水专题报告》(河南省郑州地质工程勘察院,2013)。

(7)《中华人民共和国区域水文地质普查报告(洛阳幅 1∶200 000)》(河南省地质矿产局第二水文地质工程地质队,1983)。

1.3.2 工作程序

依据《环境影响评价技术导则 地下水环境》(HJ 610—2016)相关要求,结合项目区基本水文地质条件,本项目地下水环境影响评价工作按初期准备、现状调查与评价、影响预测与评价和结论四个阶段进行(见图 1-1)。

准备阶段:收集和分析国家和地方有关地下水环境保护的法律、法规、政策、标准及相

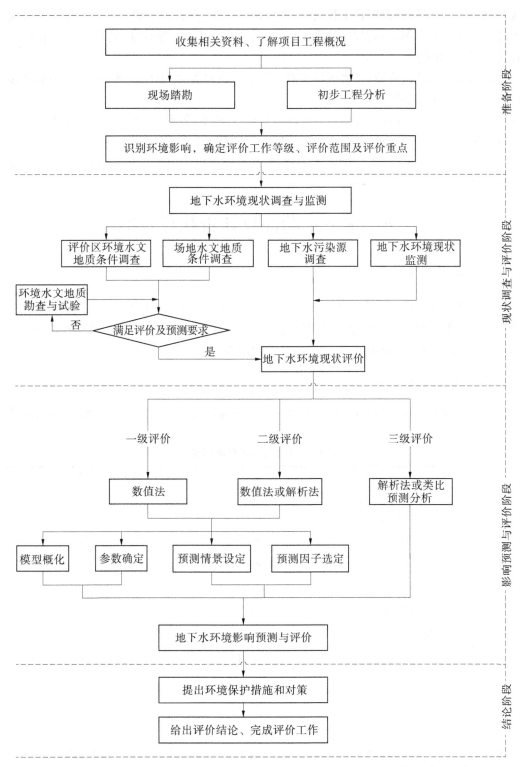

图 1-1 地下水环境影响评价工作程序

关规划等资料;了解建设项目工程概况,进行初步工程分析,识别建设项目对地下水环境可能产生的直接影响;开展现场踏勘工作,识别地下水环境敏感程度;确定评价工作等级、评价范围、评价重点。

现状调查与评价阶段:开展现场调查、勘探、地下水监测、取样、分析、室内外试验和室内资料分析等工作,进行现状评价。

影响预测与评价阶段:进行地下水环境影响预测,依据国家、地方有关地下水环境的法规及标准,评价建设项目对地下水环境的直接影响。

结论阶段:综合分析各阶段成果,提出地下水环境保护措施与防控措施,制订地下水环境影响跟踪监测计划,完成地下水环境影响评价。

1.4　地下水功能及评价执行标准

1.4.1　地下水功能

调查区丘陵区地下水类型为碎屑岩类裂隙水,井深一般为80~150 m,富水性弱,仅供当地居民分散饮用。平原区地下水类型为第四系松散岩类孔隙水,井深一般为50~80 m,富水性强,主要用于农业用水、生活用水及工业用水。

1.4.2　评价执行标准

本项目地下水环境影响评价执行《地下水质量标准》(GB/T 14848—2017)Ⅲ类标准(见表1-1)。

表1-1　Ⅲ类地下水质量标准

序号	评价因子	单位	GB/T 14848—2017 Ⅲ类标准值
1	pH		6.5~8.5
2	氨氮	mg/L	≤0.5
3	总硬度	mg/L	≤450
4	氟化物	mg/L	≤1.0
5	硫酸盐	mg/L	≤250
6	硝酸盐(以N计)	mg/L	≤20
7	氯化物	mg/L	≤250
8	挥发酚	mg/L	≤0.002
9	氰化物	mg/L	≤0.05
10	镉	mg/L	≤0.005
11	溶解性总固体	mg/L	≤1 000
12	高锰酸盐指数	mg/L	≤3.0

续表 1-1

序号	评价因子	单位	GB/T 14848—2017 Ⅲ类标准值
13	铬(六价)	mg/L	≤0.05
14	亚硝酸盐(以 N 计)	mg/L	≤1.00
15	铅	mg/L	≤0.01
16	锌	mg/L	≤1.0
17	镍	mg/L	≤0.02

1.5 评价工作等级

根据《环境影响评价技术导则 地下水环境》(HJ 610—2016),地下水环境影响评价工作等级的划分应依据建设项目行业分类和地下水环境敏感程度分级进行判定。

1.5.1 建设项目行业分类

依据《环境影响评价技术导则 地下水环境》(HJ 610—2016)附录 A 地下水环境影响评价行业分类表,孟州市产业集聚区主要发展装备制造、生物化工、皮革及其制品生产,地下水环境影响评价项目类别为Ⅰ类,见表 1-2。

表 1-2 地下水环境影响评价行业分类

项目类别	报告书	报告表	地下水环境影响评价项目类别	
			报告书	报告表
M 医药				
90. 化学药品制造;生物、生化制品制造	全部	—	Ⅰ类	
N 轻工				
118. 皮革、毛皮、羽毛(绒)制品	制革、毛皮鞣制	其他	皮革Ⅰ类,其余Ⅲ类	Ⅳ类

1.5.2 地下水敏感程度

建设项目的地下水敏感程度可分为敏感、较敏感、不敏感三级,分级原则见表 1-3。

表 1-3 建设项目的地下水环境敏感程度分级

分级	地下水环境敏感特征
敏感	集中式饮用水水源（包括已建成的在用、备用、应急水源,在建和规划的饮用水水源）准保护区;除集中式饮用水水源以外的国家或地方政府设定的与地下水环境相关的其他保护区,如热水、矿泉水、温泉等特殊地下水资源保护区
较敏感	集中式饮用水水源（包括已建成的在用、备用、应急水源,在建和规划的水源）准保护区以外的补给径流区;未划定准保护区的集中式饮用水水源,其保护区以外的补给径流区;分散式饮用水水源地;特殊地下水资源（如矿泉水、温泉等）保护区以外的分布区等其他未列入上述敏感分级的环境敏感区
不敏感	上述地区之外的其他地区

根据《河南省城市集中式饮用水源保护区划》《河南省县级集中式饮用水源保护区划》《河南省乡镇集中式饮用水源保护区划》,调查区范围内共有 2 处地下水饮用水水源保护区,分别为吉利区地下水饮用水水源保护区和孟州市水源地保护区。其中,吉利区水源地位于集聚区地下水流向的西南侧,非下游区域,故不接受集聚区地下水的补给,受建设项目影响较小;孟州市水源地位于集聚区所在地地下水的补给区,建设项目对该水源地的影响较小,具体情况见本书"3.6 地下水水源地保护区的设置"。

同时,目前集聚区内尚有 19 个村庄未搬迁,总人口 26 007 人。这些村庄的供水方式均为地下水水井,共有 26 眼,见表 1-4。故集聚区内现状条件下地下水敏感程度为"较敏感"。

表 1-4 集聚区内现有村庄供水井一览表

水井编号	村名	人口/人	坐标 X	坐标 Y	井深/m
A1	石庄村	1 200	3869130	646977	80
A2	小石庄	86	3867821	646200	120
A3	南洼村	97	3867882	646706	120
A4	上河村	498	3867549	647866	80
A5			3866867	647360.16	80
A12	店上村	1 970	3865590	650641	80
A13			3865290	650529	60
A14	全义村	1 030	3865201	649653	80
A15			3865334	649520	80
A16	姚庄村	1 134	3866446	652058	80
A17	干沟桥村	1 790	3865140	652123	80
A18			3865061	652099	100

水井编号	村名	人口/人	坐标		井深/m
			X	Y	
A19	西逯村	2 124	3864583	652690	80
A20			3864432	653024	60
A21	西窑村	705	3865979	654388	150
A22	东窑村	712	3865640	655203	80
A23	西虢村	2 560	3865211	654483	300
A24	路家庄	497	3863901	654749	100
A25	韩庄村	2 555	3865211	654483	100
A26			3865197	657074	100
A27	落驾头村	1 551	3863818	656067	100
A28	戍楼村	1 762	3863118	657081	150
A29	张厚村	1 100	3864318	659066	120
A30	义井村	1 868	3863619	658182	100
A41	西沃村	3 600	3863188	653327	80
A42			3862531	653340	80

1.5.3 评价工作等级

根据上述建设项目所属的地下水环境影响评价项目类别及建设项目的地下水环境敏感程度,综合判定孟州市产业集聚区规划环境影响评价地下水环境影响评价工作等级为一级,各指标分类等级见表 1-5。

表 1-5 集聚区地下水环境影响评价工作等级分级

评价区	地下水环境影响评价项目类别	地下水环境敏感程度分级	地下水环境评价工作等级判定
孟州市产业集聚区	I 类	较敏感	一级

1.6 评价范围及保护目标

1.6.1 评价范围

依据《环境影响评价技术导则 地下水环境》(HJ 610—2016)一级评价调查面积为≥20 km²。结合集聚区规划范围、地形地貌特征、区域水文地质条件、地下水流场特征和地下水保护目标等,为了说明地下水环境的基本状况,水文地质调查范围如下:北部以石庄—袁乞套—杨洼—车村—大宋庄一带的丘陵区为弱透水边界;南部以黄河为自然边界;西侧以煤窑沟冲沟为界;东侧到南庄—陈湾一带,包括孟州市水源地地下水井群,总调查范围约 150.0 km²,具体位置见图 1-2。评价区与调查区面积相同,均为 150 km²。

图 1-2 水文地质调查评价范围

1.6.2 保护目标

依据《环境影响评价技术导则 地下水环境》(HJ 610—2016)要求,结合调查区内地下水环境敏感点分布状况及区域水文地质条件,保护目标为集聚区及周边地下水松散岩类孔隙水含水层和碎屑岩类裂隙水源含水层,吉利区地下水饮用水水源保护区和孟州市水源地保护区,以及区内西窑村、东窑村、路家庄、落架头村、张厚村、戍楼村等村共计 49 眼安全饮用水水井。

1.7 完成工作量及质量评述

本次水文地质勘查工作内容主要包括水文地质测绘、钻探、水位统测、水文地质试验、水质分析和地下水模拟预测等。

其中,水文地质测绘(精度 1:50 000)面积约 150 km²;坐标、高程测量 70 个点(1954 北京坐标系,1985 基准高程);水文地质钻探 405.0 m;机民井水位统测丰水期、枯水期各 65 个点;水文地质试验包括渗水试验 7 组、注水试验 2 组、收集抽水试验 2 组、水质分析 14 组及地下水模拟预测 150 km²。具体完成工作量见表 1-6。

本次水文地质勘查工作是按照《环境影响评价技术导则 地下水环境》(HJ 610—2016)、《供水水文地质勘察规范》(GB 50027—2001)要求进行的。工作中对所有的野外资料均组织了自检和互检,对检查出的问题及时进行了补充和完善。野外工作结束后,质量管理部门对野外工作进行了检查、验收,验收合格后,转入资料整理及报告编写工作。

表 1-6 主要实物工作量一览表

序号	项目		单位	工作量
1	收集资料	报告	份	4
2	水文地质测绘 （精度 1:50 000）	面积	km²	150
3	坐标、高程测量	坐标、高程点	个	70
4	水位统测	机民井	点/期	65
		河水	点/期	5
5	钻探	进尺/孔数	m/眼	405.0/6
6	水文地质试验	渗水试验	组	7
		注水试验	组	2
		抽水试验（收集）	组	2
		室内渗透试验	组	31
7	水质分析	—	组	14
8	土壤分析	—	组	3
9	地下水模拟预测	面积	km²	150

2 工程分析

2.1 规划范围与规划期限

孟州市产业集聚区包括东、西两片区。西区规划范围:东至顺涧村西边界,西至小石庄村西边界,北至油坊头村南边界、上河水库北、石庄村南边界,南至洛阳石化,规划面积为 3.97 km²(全部为发展区);东区规划范围:东至城西大道,西至二广高速公路,南至珠江大道、龙腾路、龙蟠大道、横八路,北至黄河西路,规划面积 25.63 km²(建成区 11.59 km²、发展区 11.04 km²、控制区 3 km²)。

本次规划年限为 2016—2030 年。其中,近期规划:2016—2020 年,中远期规划:2021—2030 年。

2.2 发展定位与发展目标

孟州市产业集聚区的功能定位为:全国重要的交通运输设备制造基地、生物化工基地、皮革及其制品生产基地,孟州市经济增长区,城市产业中心,循环经济示范展区、改革创新实验区和现代化城市功能区。

总体发展目标:把孟州市产业集聚区建设成为特色鲜明、集约化和产城融合程度高、产业集群配套完善、综合实力较强的全省先进产业集聚区;打造成孟州市经济中心,使产业集聚区成为资源节约、环境优美、最具产业发展前景和适宜人居的科学发展新城区。

近期发展目标:在此阶段要全面推进各项工作,进一步加大基础设施建设力度,完善产业集聚区各种配套功能,优化投资环境,为项目入驻搭建平台,同时大力开展招商引资和项目建设,实现主营业务收入 1 500 亿元以上,年均增长约 20%,用地规模达到 18 km²。

中远期(~2030 年)发展目标:大力提升集聚区优势产业的发展能力,全面确立孟州市产业集聚区装备制造业、生物化工业、皮革及其制品业的区域地位。同时,完善配套服务业的发展,研究开发具有自主知识产权、自主品牌和核心技术的产品,抢占高附加值、高端产品市场,推动产业集聚区经济、社会、生态环境的全面和谐发展。年主营业务收入达到 3 300 亿元左右,年均增长约 6%。用地规模达到 29.6 km²。

2.3 空间与产业布局规划

按照“产业集聚和产城互动”的原则,结合现状产业分布情况,根据各产业的基本性质及集聚区整体资源的合理配置,有效促进集聚区在产业上进行功能分区,形成6个产业园区、1个综合服务区的分布格局,见图2-1。其中,产业园区包括2个化工产业园区、1个现状产业园区、1个装备制造产业园区、1个皮毛加工产业园区和1个保税物流园区。1个综合服务区为园区服务的综合配套服务区。现分述如下:

(1)装备制造产业园。

装备制造产业园位于集聚区东片区中部,主要依托中原内配、嘉陵摩托、GKN、二汽集团等骨干企业,积极承接零件产业转移,开展与国内外企业的战略联合、重组,围绕汽缸套生产,把发动机相关零配件产业作为招商引资的重点,大力引进发动机相关零部件企业,向下游生产线发展,吸引发动机企业本地化布局,壮大企业群体。鼓励优势零部件企业加快与国内外整车企业战略合作,融入全球采购体系。推进交通运输设备产业集聚发展,着力提高同步开发、专业制造和规模配套能力,发展一批关键零部件产业集群,形成专业化分工明确、社会化配套协作、规模化协调发展的零部件产业集群。

(2)生物化工产业园。

生物化工产业园位于集聚区东片区南部,主要依托医药、化工、生物科技、农业科技等骨干企业,迅速做大做强核黄素、玉米深加工等产业,形成以核黄素为中心,多种维生素、饲料添加剂等生物产品为配套的产品体系,走以优势骨干企业为支撑、产业链条完善、特色优势突出的生物制药产业发展之路。依托核黄素生产的世界领先技术,形成核黄素产品的竞争优势;以核黄素为依托,带动高端原料药新品种、核黄素相关产品的大发展,大力推进核黄素向产业链下游及高端产品领域延伸,实现产品系列化。

(3)石油化工产业园。

石油化工产业园位于集聚区西片区,该区有一定的发展石油化工下游产业基础,主要依托吉利区1 000 t炼油扩能项目,与之相关的石油化工及精细化工项目随之发展。本次石化园区重点发展化工新材料及有机原料,进一步发展产品附加值高、技术工艺先进、适合市场需求的各类有机化工原料和合成材料中间产品,包括高级合成树脂、合成纤维、特种化学品等。该区辅以发展一定的精细化工,精细化工主要是在发展化学建材、汽车配件(内、外装饰件)等传统精细化工的同时,重点发展电子化学品、生物化工产品等新领域精细化工。

(4)皮毛、皮革及制品产业园。

皮毛、皮革及制品产业园位于集聚区东片区东部,主要依托当地或周边地区的发展优势,以皮毛、皮革相关产品加工为主攻方向,通过产品结构调整和产业优化升级,形成皮毛、皮革产业上下游产品有机结合的产业链。同时发展商贸服务业、皮毛加工配套产品制造业、相关产品加工业、科研设计业、仓储物流业等相关产业,进而通过这些相关产业完善皮毛、皮革加工产业链,做优产业园皮毛、皮革加工产业。

(5)综合配套服务区。

综合配套服务区位于集聚区东片区西北部,服务产业发展方向如下:

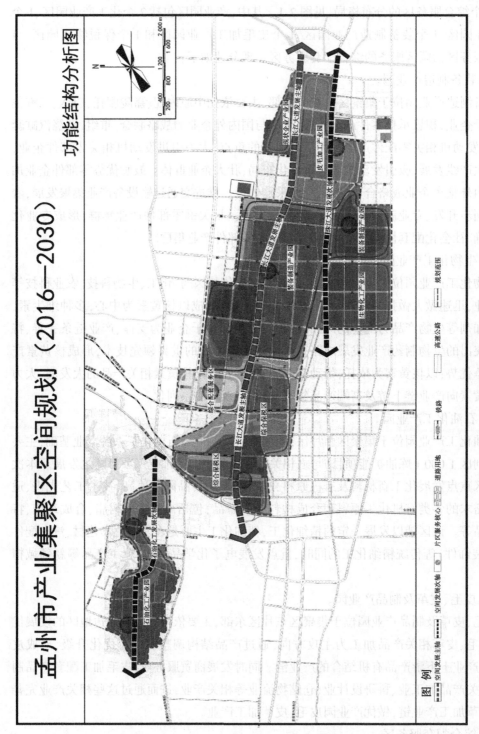

图 2-1　孟州市产业集聚区空间规划（2016—2030）

①以发展生产性服务业为契机发展现代服务业。

以装备制造业、生物化工产业和皮革及其制品产业的发展为基础,发展产品研发、现代物流运输、电子商务、批发零售及金融服务等生产性服务业,从而提高产品内涵,提升产品档次,促进产品销售及运输。

②伴随城市的发展壮大,积极培育高品质生活性服务业。

随着工业企业快速发展,将带来大量的人口聚集,积极发展餐饮、住宿、娱乐康体、居民服务等生活配套服务,为产业人口在产业集聚区的工作和居住提供便利,提高城市吸引力。

(6)综合保税区。

综合保税区位于集聚区东片区西部,共规划建设了各类公共服务平台27个,其中综合公共服务平台3个,技术研发公共服务平台15个,检验检测公共服务平台3个,金融公共服务平台5个,土地收储公共服务平台1个。

①综合公共服务平台。

区内目前设有综合公共服务平台3个,分别是公共保税中心、进出口商品交易中心和高新技术创业中心。

②技术研发公共服务平台。

孟州市产业集聚区现有省级以上技术研发平台15个,其中,省级以上工程技术研究中心9家,2家博士后研发基地依托单位,河南省羊剪绒加工技术院士工作站、河南省超硬研磨材料技术院士工作站2家院士工作站,1家博士后科研工作站,1家国家级企业技术中心。

③检验检测公共服务平台。

区内建成检验检测平台1个——河南省摩擦材料产品质量监督检验站,并规划建设河南省锁具产品质量监督检验站、罐车检测中心2个检验检测平台。

④金融公共服务平台。

区内有各类金融公共服务平台5个,分别是注册资金5亿元的产业集聚区投资开发有限公司、注册资金1亿元的村镇银行股份有限公司、注册资金5 000万元的小额贷款有限公司、注册资金1亿元的小额贷款有限公司、注册资金3 530万元的中小企业担保有限责任公司,此5家公司构成了产业集聚区金融体系的重要组成部分,每年可为产业集聚区基础设施建设和中小企业发展提供资金5.5亿元。

⑤土地收储公共服务平台。

孟州市将城市土地收储职能划归市城市建设投资开发公司,建立了统一的土地收储公共服务平台。将土地储备中心升格为正科级单位,划归市政府直接管理,由其专门负责集聚区土地收储、低效用地整治、闲置土地盘活等工作。近年来,先后开展了砖瓦窑、废弃工矿整治,启动了集聚区内7个村庄整体搬迁,腾出建设用地5 000余亩。

2.4 给水、排水工程

2.4.1 给水工程

给水现状:集聚区东片区内东北角现状工业一水厂(现状张厚水厂)设计规模 3 万 m³/d,主要为西虢镇及周边村民生活及工业企业用水提供服务,水源来自顺涧水库,张厚水厂现状给水管网主要沿长江大道铺设;集聚区东片区隆丰企业自建水厂规模 2 万 m³/d,隆丰企业内部作为工业用水使用,水源来自引黄水。目前,东片区汶水河以东区域基本实现集中供水,汶水河以西区域以自备井为主。西片区尚未实现集中供水,工业用水直接由顺涧水库引入,生活用水以自备井为主。

给水规划:根据孟州市产业集聚区规划并结合孟州市城市总体规划,集聚区东片区保留现状工业一水厂(现状张厚水厂)3 万 m³/d,位于东片区东北角,水源来自顺涧水库;保留现状隆丰厂区内自建的水厂 2 万 m³/d,水源为引黄水。新建工业二水厂,位于东片区兴业河以西、长江大道以南,设计规模为 10 万 m³/d,其中,5 万 m³/d 工业水源为引黄水,5 万 m³/d 生活水源为黄河滩区地下水;经与集聚区沟通,工业二水厂目前处于前期筹备阶段,计划 2017 年 8 月开始建设。西片区新建石化园区水厂,位于 G207 国道东侧、北边界南侧,设计规模为 4 万 m³/d,水源引至顺涧水库,为石化园区提供服务;经沟通,石化园区水厂规划于 2018 年开始建设,建成后可以满足该片区规划期内用水需求。

2.4.2 排水工程

排水现状:孟州市第二污水处理厂目前已经投入运行,位于集聚区东片区东南角,即滩建路戍楼北侧,排涝河南 700 m 处,主要用于处理集聚区东片区废水,设计处理规模为 5 万 m³/d,出水设计按《城镇污水处理厂污染物排放标准》(GB 18918—2002)一级 A 标准进行控制。污水主管网沿隆丰东路、长江大道铺设。根据调查,孟州市第二污水处理厂 2016 年 10 月至 2017 年 3 月处理水量平均 2.7 万~3.8 万 m³/d,以最高处理水量计,尚富余处理能力 1.2 万 m³/d。

西片区目前建成企业主要有树脂生产企业、新型合成化纤企业、塑料制品生产企业,由于受市场影响,经济形势较差,均未生产,三家建成企业废水原设计均通过现有管道排入孟州市第二污水处理厂。目前西片区未实现污水集中处置。

排水规划:根据孟州市产业集聚区水量预测并结合孟州市城市总体规划,东片区近期排水量为 6.02 万 m³/d,远期排水量为 7.86 万 m³/d。现状孟州市第二污水处理厂设计处理规模 5 万 m³/d,不能满足集聚区东片区近期到 2020 年的发展需求,鉴于近期集聚区项目引进及建设情况,孟州市第二污水处理厂目前污水处理能力及污水处理厂建设的滞后性,评价建议于 2018 年 7 月对孟州市第二污水处理厂实施扩建,扩建后总处理规模达到 10 万 m³/d,以满足集聚区东片区中远期发展需求。根据预测,西片区近期排水量为 0.78 万 m³/d,远期排水量为 1.43 万 m³/d。本次规划西片区建设石化园区污水处理厂,规模为 3 万 m³/d,位于石化园区东南角,该污水处理厂规划规模偏大,评价建议石化园区污水处理厂规模调整至2万 m³/d,并结合目前西片区企业入驻现状及近期发展情况,计划于2018年初开始建设石化园区污水处理厂,可以满足该片区规划期内污水处理需求。

雨水系统规划:

Ⅰ区:第八大街以西区域,$d500 \sim d1\,000$ 雨水干管沿东西向道路分别敷设,雨水排入顺涧河。

Ⅱ区:第八大街—第六大街、龙泉河北侧区域,$d500 \sim d800$ 雨水干管沿东西向道路分别敷设,雨水排入赵坡沟。

Ⅲ区:第六大街—城西大道、龙泉河北侧区域,排水方向基本向南,$d500 \sim d1\,000$ 雨水干管沿南北向道路分别敷设,雨水排入龙泉河。

Ⅳ区:龙泉河南侧区域,排水方向基本向北,$d500 \sim d600$ 雨水干管沿南北向道路分别敷设,雨水排入龙泉河。

2.5 村镇发展及迁并规划

孟州市产业集聚区规划范围内共涉及19个村庄,村庄总人口26 007人。结合城乡总体规划,1个村庄韩庄村就地改造,其他18个村庄迁入3个居住片区。其中,西窑村、东窑村、路家庄、落架头村、张厚村、戎楼村、义井村7个村庄作为第一批次搬迁村庄搬迁至集聚区外北侧的新苑小区;小石庄村、南洼村、上河村、全义村、湾村、店上村、干沟桥村、姚庄村等8个村庄作为第二批次搬迁村庄搬迁至集聚区内北部的莫沟小区;韩庄村就地改造,西逯村、西虢村、西沃村等3个村庄作为第三批次搬迁村庄搬迁至韩庄小区,统一安置。集聚区范围内村庄搬迁基本情况见表2-1。

表2-1 集聚区范围内村庄搬迁基本情况

社区名称	整合村庄名称	安置人口/人	备注
新苑小区	西窑村、东窑村、路家庄、落驾头村、张厚村、戎楼村、义井村	8 195	已建成,2017年底搬迁完毕
莫沟小区	小石庄村、南洼村、上河村、全义村、湾村、店上村、干沟桥村、姚庄村	6 843	计划2017年底启动建设,2018年底建成并完成第三批次村庄的搬迁工作
韩庄小区	韩庄(就地改造)、西逯村、西虢村、西沃村	8 049	计划2020年初启动建设,2020年底建成并完成第二批次村庄的搬迁工作

2.6 集聚区污染源分布情况

孟州市产业集聚区以设备制造、生物化工、皮毛加工及制品生产为主导产业,污染源主要来自集聚区内各企业在生产运行过程中产生的工艺废水和集聚区企业职工居住、商业、生活污水。集聚区现状企业污染物排放情况见表2-2。

表 2-2　集聚区现状企业污染物排放情况

所在园区	企业名称	产品及规模	污染物排放/（t/a）				
			SO_2	NO_x	COD	NH_3-N	总铬
东区	××内配股份有限公司	年产200万只重型发动机汽缸套，年产200万只道依茨、MWM出口汽缸套，年产1 000万只汽缸套，年产1 300万只新型节能环保发动机汽缸套项目和年产5 000万片发动机轴瓦项目	—	—	2.8	0.04	—
	××汽缸套有限公司	年产300万只汽缸套	—	—	0.98	0.07	—
	××三轮摩托车工业有限公司	年产20万辆三轮摩托车	7.9	15.8	4.6	0.21	—
	××药业（孟州）有限公司	年产核黄素2 500 t	39.1	140	20.7	3.38	—
	××化工有限责任公司	年产纯碱34万t、氯化铵34万t、合成氨10万t、三聚氰胺1.5万t	67.1	146.3	0	0	—
	××生物化工有限责任分公司	年产1 000 t色氨酸、4 000 t苯丙氨酸、6 000 t阿斯巴甜、2 000 t β-环状糊精	24.2	110.6	11.0	0.43	—
	××食用酒精有限公司	年产3万t食用酒精、8万t醋酸乙酯	28.8	228.1	209.55	2.93	—
	××皮草企业有限公司	年产绵羊皮700万张及皮毛综合产业园项目	18.58	29.30	681.61	36.34	0.089 45
	××化工有限责任公司	年产5万t甲醇脱水制二甲醚	11.2	19.6	17.41	0.06	—

续表 2-2

所在园区	企业名称	产品及规模	污染物排放/(t/a)				
			SO₂	NOₓ	COD	NH₃-N	总铬
东区	××合金股份有限公司	年产 1 500 t 硬质合金材料及刀具生产	—	—	1	0.12	—
	××人造板有限公司	年产 10 万 m³ 高密度纤维板	—	—	0.513	0.044	—
	××包装材料有限公司	年产纸箱板 2 800 万 m²、纸箱 2 000 万套	0.3	0.5	0.07	0.01	—
	××钢构彩板有限公司	年产 1.5 万 t 钢结构、20 万 m² 复合彩板	—	—	0.11	0.015	—
	××保税物流有限公司	河南德众公共保税中心(物流园区)	—	—	0.14	0.04	—
	××机械设备有限公司	年产大型金刚石压机 300 台、轧辊 4 000 t 建设项目	—	—	0.16	0.28	—
	××电源股份有限公司	年产 500 万 kW·h 硅胶体铅蓄电池项目	6.732	196.80	2.523	0.475	—
	××农产品物流中心有限公司	德众大罗塘国际农产品交易(物流)中心项目	0.008	0.032	1.06	0.16	—
	××生物科技有限公司	年产生物制剂 15 000 t 建设项目	0.078	22.52	21.02	3.50	—
	××金属表面处理有限公司	孟州制锁业(电镀)综合整治项目	0.29	2.84	3.48	0.13	—

续表 2-2

所在园区	企业名称	产品及规模	污染物排放/(t/a)				
			SO$_2$	NO$_x$	COD	NH$_3$-N	总铬
东区	××饲料有限公司	年产18万 t畜禽饲料建设项目	0.12	2.43	0.28	0.022	—
	××节能门窗有限公司	年产120万 m^{2}断桥隔热铝合金制作项目	0.972	0.49	0.1	0.009 6	—
	××农牧科技有限公司	年产50万 t水产畜禽饲料项目	0.132	2.897	0.7	0.09	—
	××钢化真空玻璃有限公司	年产100万片钢化真空玻璃项目、研发中心项目	—	—	0.15	0.025	—
	××科技有限公司	年产50 000支低压铸造升液管项目	—	—	0.47	0.07	—
西区	××树脂有限公司	年产3万 t酚醛树脂建设项目	0.41	3.03	2.23	0.12	—
	××塑业有限公司	年产1 500 t脲醛树脂项目	0.19	0.86	—	—	—

2.7 地下水环境影响识别

建设期:集聚区城市配套基础设施已基本完善,各项目在建设阶段可充分利用集聚区内已有的排水管网、污水处理设施、绿化设施及厕所等,对施工期产生的工业和生活废物、废水进行统一收集、清运和处理,对地下水造成的影响很小。

服务期满后:在各企业关闭和拆除生产装置后,除厂区地表存在的面源污染外,不再存在大型污染源对地下水的影响;而在场地原有地面不被破坏的情况下,面源污染物对地下水的影响极小。

运营期:按行业标准,集聚区内的设备制造、生物化工、皮毛加工及制品生产等企业在厂内均应建有各自的污水处理站,生产运行过程中产生的废污水先进入厂内污水处理站,处理达标后,循环利用或少量外排进入集聚区污水处理厂处理达标后排放。未建立污水处理站的企业产生的废污水经市政排污管网统一收集进入集聚区污水处理厂处理达标后排放。同时,各企业根据自己生产工艺的不同,在产生废水环节和废污水处理设施部位均应进行防渗处理,故正常状况下不会发生渗漏造成地下水污染;非正常状况下,如污水处理站构筑物池底破裂,污染物可能下渗影响地下水。

3 区域水文地质条件

3.1 自然地理

3.1.1 地形地貌

调查区位于洛阳盆地和济源盆地之间,黄河自西北向东南自本区南部边界流过。主要地貌特征从北到南为丘陵、平原、黄河滩地等。地形呈北高、南低,西北偏高,向东南逐渐降低。北部为丘陵起伏、沟壑纵横的低丘陵地,大部分为黄土覆盖,多为坡地和梯田,海拔在160~290 m。中部为黄河Ⅱ级阶地平原,属侵蚀冲积阶地,地形是北高南低,西北偏高,向东南逐渐降低,海拔在120~160 m。南部为黄河河漫滩和Ⅰ级阶地,西北较窄,东南较宽,最宽处可达3.5 km,海拔在118~126 m。区内地貌按其成因类型主要有堆积地貌、侵蚀堆积地貌及剥蚀地貌,其形态主要有心滩、漫滩、阶地、黄土丘陵、黄土台塬及基岩丘陵等。

3.1.1.1 堆积地貌

心滩:区内黄河河床浅宽,心滩发育,呈透镜状,枯水期大部露出水面,汛期多数被淹没。枯水期心滩高出水面1~3 m,表层岩性以粉细砂为主,厚度一般小于2.5 m。

低漫滩:分布于白鹤村以东黄河沿岸,低漫滩宽度变化较大,地面标高在115~117 m。洪水期部分被淹没,表层岩性为粉砂或亚砂土。

高漫滩:分布于低漫滩与两侧阶地之间,地面标高在115.5~121.0 m。除特大洪水外一般不被淹没,高漫滩比低漫滩高0.5~1.0 m,表层岩性为粉砂土或亚砂土,最大厚度可达10.0 m。

黄河Ⅰ级阶地:黄河北岸Ⅰ级阶地只在西部小面积出现,阶面宽1~4 km,标高120~140 m,阶面西高东低,并微向河床倾斜,前缘高出漫滩1~4 m。Ⅰ级阶地后缘与Ⅱ级阶地呈陡坎接触。

黄河Ⅱ级阶地:黄河北岸Ⅱ级阶地大面积分布,标高120~180 m,阶面西高东低,后缘向前缘倾斜,阶面上局部地区冲沟较发育。Ⅱ级阶地前缘与Ⅰ级阶地或漫滩呈陡坎接触,陡坎高3~20 m。Ⅱ级阶地后缘与黄土台塬或丘陵区呈缓坡过渡,阶面南北宽1.0~4.0 km,东西长23.0 km。

3.1.1.2 侵蚀堆积地貌

分布在调查区北侧,包括黄土丘陵和黄土台塬,两种地貌基本以白鹤—吉利断裂为界,以西为黄土丘陵,以东为黄土台塬。

黄土丘陵:分布在槐树、石庄一带,基底为古近系泥岩及砂岩,地形起伏,冲沟发育,地面标高200.0~257.0 m,相对高差60 m左右。

黄土台塬:分布在东小仇一带,塬面标高 150.0~180.0 m,与二级阶地呈陡坎接触,高出阶地 40.0~70.0 m,冲沟发育。塬面向东倾斜,在东部区外尖灭。

3.1.1.3 剥蚀地貌

分布在调查区西北部的黄河铁路桥两侧,为基岩丘陵区。出露地层为三叠系砂页岩、侏罗系和古近系砂、泥岩。该区沟谷发育,山顶呈圆丘状,高程 227.0 m,相对高差 80 m 左右。

3.1.2 气象水文

3.1.2.1 气象

孟州市属于暖温带大陆性季风型气候,四季分明,特点表现为春季干旱升温快,夏季炎热雨丰沛,秋季气爽日照长,冬季干冷雨雪少,其主要气象要素见表 3-1。

表 3-1　多年气象参数一览表

项目		参数	备注
气温	年平均	14.6 ℃	—
	极端最高	42.1 ℃	—
	极端最低	−17.6 ℃	—
气压	年平均气压	1 002.7 hPa	—
降水	年平均降水量	549.0 mm	—
	年平均蒸发量	1 630.9 mm	—
湿度	年平均相对湿度	66%	—
风	年平均风速	2.3 m/s	—
	主导风向	SW	所占频率 10.27%
	次主导风向	NE	—
霜	无霜期	209.8 d	年平均

3.1.2.2 水文

孟州市属黄河流域的一部分,境内地表水有黄河、蟒河、猪龙河等大小河流 11 条,有引沁济蟒渠、一干渠、二干渠、排涝渠等人工渠,总长 226.31 km。此外,境内还有张洼、顺涧、柴河、白墙等多个水库。孟州市水系图见图 3-1。

(1)黄河。

黄河西从洛阳市吉利区坡底流入孟州市,经西虢、城关、化工、南庄 4 镇境地到贾营流入温县,在孟州市境内流经 28 km,河宽一般在 500~1 000 m,年平均径流量 535 亿 m^3,河水含沙量为 6~7 kg/m^3。黄河上游段(西虢镇)起排泄地下水作用,下游段(城关、化工镇)起补给地下水作用。

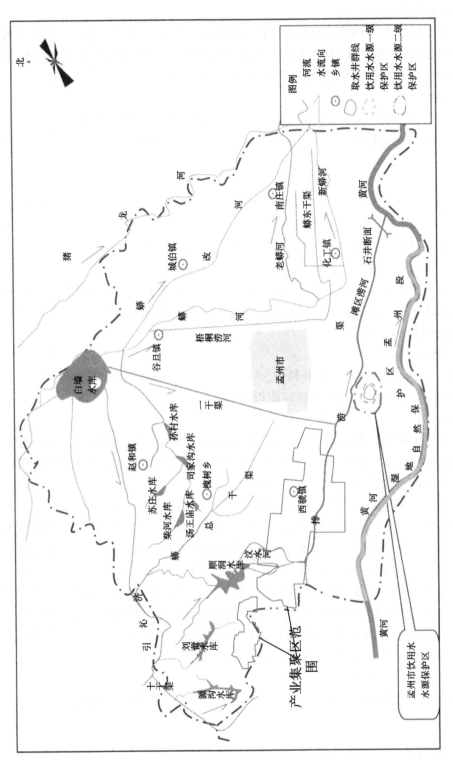

图 3-1　孟州市水系图

（2）引沁济蟒渠。

引沁济蟒渠始建于 1968 年,从济源三皇沟引水,至孟县石庄乡北入境,至岩山、槐树乡龙台,止于槐树口。为顺涧、孙村、柴河 3 座水库及张洼水库等 11 座小型 II 类水库,75 个蓄水池,200 多条水渠提供水源,年平均补充径流量 7.3 亿 m^3。

（3）顺涧水库。

顺涧水库是位于规划区西北侧汶水沟上的中型水库,以引沁济蟒渠为补充水源,水资源总量为 4 015 万 m^3,目前作为张厚水厂的水源,库容 1 760 万 m^3,控制流域面积 31.26 km^2。

（4）柴河水库。

柴河水库位于孟州市赵和乡柴河村西南侧,以引沁济蟒渠为补充水源,是集防洪、灌溉和供水为一体的小型水库,水资源总量为 2 200 万 m^3,库容 884 万 m^3,作为规划新建的韩庄水厂的水源,目前柴河水库供水功能还没有启动,主要是灌溉周边农田。

（5）张洼水库。

张洼水库位于规划区北侧,黄河流域汶水沟上游。该水库上游是西孟庄水库,下游有省道常付线和孟州市产业聚集区,是以防洪为主、兼顾灌溉的小 II 型水库,库容 32.7 万 m^3,控制流域面积 1.0 km^2。

（6）白墙水库。

白墙水库位于孟州市赵和乡田旺村东,是以防洪为主、兼顾灌溉、发电、养殖的一座中型水库,水库库容为 0.4 亿 m^3,控制流域面积 710 km^2。

（7）上河水库。

上河水库位于黄河二级支流老蟒河的上游,是引沁济蟒渠规划的供水工程和一座以防洪为主,兼顾灌溉、水产养殖综合利用的小（2）型水库,水库补充水主要来自引沁济蟒渠和上游雨水,现主要提供周边农田的灌溉用水。

产业集聚区规划区域位于黄河大堤以北,距黄河主河道最近距离 2.9 km,属于黄河流域。产业集聚区内主要涉及的南北向的河流自西向东依次为顺涧水库支流汶水河（顺涧河）、张洼水库支流（建功河）;顺涧河上游起自顺涧水库,沿现状湿地向南,穿淮河大道、洛常路,是集聚区内沿岸农田的灌溉河流,其水量根据顺涧水库下泄水量而变化;建功河上游起自张洼水库,沿现状沟渠向南,穿洛常路。集聚区南部东西向的河流为滩区涝河（排涝渠）。滩区涝河始建于 1977 年,起源于孟州市顺涧水库下游店上村,流经西虢、会昌、大定、化工,在化工镇刘庄汇入黄河,全长 25 km,除汛期外,其余大部分时间无天然径流,其规划功能为排涝和农灌用水,现主要作为排涝和纳污渠道,主要是接纳沿途工业污染源排水和生活污水,目前水体已受到不同程度的污染。

产业集聚区产生的废水经集聚区污水处理厂处理后,通过管道排入滩区涝河,流经约 13 km 后汇入黄河。

3.1.3　土壤植被

孟州市土壤呈区域性分布,全市共分褐土、潮土两大类土类,7 个亚类。褐土为地带性土壤,主要发育在西部丘陵区黄土母质,位于市区西孟洛公路以北,面积为 210.1 km²,占全市土壤面积的 44.58%;潮土为发育在近代河流冲积物上的地域性土壤,直接形成于黄河、沁河、蟒河的沉积母质,主要分布在靠近黄河、蟒河流域的乡村,面积为 261.2 km²,占全市土壤面积的 55.42%。

孟州市植物资源相对丰富,主要用材树种有刺槐、椿树、苦楝、泡桐、白榆、毛白杨等;主要灌木树种有紫穗槐、白蜡条等;主要经济树种有核桃、柿、枣、苹果、桃、梨、李、杏等;草本植物主要有白草、毛耳草等;农作物主要有小麦、红薯、豆类。

3.1.4 矿产资源

孟州市矿产资源缺乏,目前已勘察探明的矿产资源有页岩气、上水石、石灰石、青石、黏土、油页石、河沙和少量烟煤。而河沙、黏土品质尤其纯净。

3.2 区域地质概况

3.2.1 断裂构造

调查区位于济源盆地与洛阳盆地之间,控制河谷盆地的发育和发展的断裂构造,主要有东西向、北东向和北西向三组(见图 3-2)。这些断裂多隐伏于第四系地层之下,根据区域地质资料分述如下。

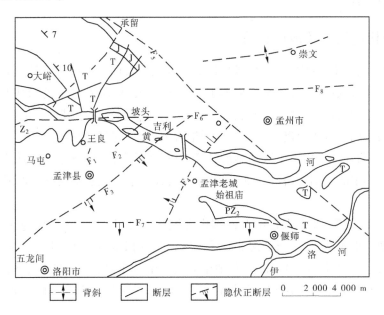

图 3-2 区域地质构造纲要图

3.2.1.1 北东向断裂

王良—连地断裂(F_1):该断裂在区域上总体走向为北东向,呈 S 形展布,断层东部下降,为一断层面东倾的正断层,该断裂构成西部小浪底峡谷与东部河谷盆地的分界线,早更新世末期及中更新世后期活动强烈。

霞院—送庄断裂(F_2):位于调查区西部,走向42°,倾向南东,断裂两盘第四系厚度及下伏地层时代有明显的不同,断层以西砂卵石层厚20 m左右,下伏古近系泥岩、砂岩,断裂以东砂卵石层厚70~80 m,下伏新近系河湖相地层。

白鹤—吉利断裂(F_3):位于霞院—送庄断裂以东,走向北东39°,倾向南东,该断裂直接控制着本区地貌的发育,在南邙岭区,断层以西为黄土丘陵,断层以东为黄土台塬。

孟津老城—西頵断裂(F_4):该断裂走向36°,倾向北西,与白鹤—吉利断裂构成地堑,在地堑中,上—中更新统砂卵石层明显变厚。

3.2.1.2　北西向断裂

五指岭—西承留大断裂(F_5):该断裂规模大,延伸长,它控制着洛阳盆地东部边界及济源盆地西南部边界,东北盘下降,成为北邙岭与济源盆地的边界。

3.2.1.3　近东西向断裂

小浪底—金山寺断裂(F_6):位于黄河北岸黄土台塬与河谷结合处,断裂走向近东西向,北盘上升形成黄土丘陵及黄土台塬,南盘下降构成河谷边界。该断裂主要活动于中更新世中后期及晚更新世早期。

首阳山—金水河断裂(F_7):由邙山岭南侧通过,走向近东西向,断层南盘下降形成洛阳盆地,北盘上升形成邙山岭。断层面南倾,为一正断层,垂直断距约2 000 m,为南邙岭与洛阳盆地的边界。

3.2.2　新构造运动及地层建造

自晚第三纪以来,区内构造活动强烈,主要表现在大面积的断续升降运动,从区域上看,东西向断裂形成最早,规模大,断裂切割深,断距大,控制着盆地的形成与发展,北东向、北西向构造切割东西向断裂,形成时间晚于东西向断裂,由于其活动的长期性和继承性,对盆地内第四系沉积厚度及第四纪地形地貌的发育有明显的控制作用。

第三纪初期,豫西、晋南山区的雏形已经形成,而后在喜马拉雅运动的作用下,这些山区继续上升,其中的洛阳—济源盆地则相对下降,在盆地中沉积了巨厚的古近系河湖相沉积物。

到新第三纪时期,北部太行山及西部山区继续上升,导致盆地北部边缘地带随之上升,古近系地层出露地表,形成黄河北岸丘陵区,在新构造运动的作用下,古近系地层产生断裂及倾斜,倾向南,倾角10°~20°,盆地中心仍然继续下降,此时期的气候以湿热为主,流水作用强烈,在盆地中心沉积了较厚的砂层、砂砾石层与黏土互层的新近系河湖相沉积物。

进入第四纪以后,下更新统时期,在新构造运动作用下,本区隆起上升,缺失沉积变为侵蚀区。尤其在长期的流水作用下,中部地区不断进行侵蚀、下切。到中更新世初期,终于与上游河道贯通,该段黄河河道形成,从此进入了河流侵蚀-沉积阶段,逐步形成了宽阔的河谷盆地,并在盆地中沉积了20~40 m厚的砂卵石层。与此同时,在河谷两岸沉积了较厚的中更新统风成黄土,形成了黄土丘陵及黄土台塬区,到中更新世晚期,由于区域性地壳上升,造成黄土下切,形成黄河Ⅱ级阶地,并在Ⅱ级阶地上沉积了数十米厚的中更新统晚期到上更新统的风成黄土。

进入上更新世之后,河谷盆地缓慢下沉,在Ⅱ级阶地之间的河谷地带沉积了30~50 m厚的砂卵石层,在黄土丘陵及黄土台塬区以及Ⅱ级阶地之上,继续中更新统以来的黄土堆积。

进入全新世之后,地壳进入缓慢的上升阶段,逐渐形成了宽阔的Ⅰ级阶地,在Ⅰ级阶地上,沉积了5~7 m厚的中细砂、粉砂、粉土等河流相沉积物,Ⅰ级阶地后缘发育了来自邙岭区的洪积物堆积,同时在黄土丘陵、台塬区及Ⅱ级阶地之上的局部地段沉积了包括黑垆土在内的全新世黄土堆积,厚1~2 m。近代黄河则发生侧向侵蚀,形成了宽阔的河漫滩区。

3.2.3　地壳稳定性

根据《中国地震动参数区划图》(GB 18306—2015),集聚区范围及周围区域抗震设防烈度为7度,设计基本地震加速度值为0.10g,设计地震分组为第二组,地震动峰值加速度为0.10g,特征周期0.35 s,相应地震基本烈度为Ⅶ度。

3.2.4　地层岩性

区内地层主要为第四系松散层,前第四系出露较少,仅西北部丘陵区零星出露侏罗系和古近系,现从老至新分述如下:

(1)侏罗系(J)。

零星出露于西北部耿沟一带,岩性为黄绿色、紫红色页岩、泥岩、细砂岩及石英砂岩互层。

(2)古近系(E)。

零星出露于北部丘陵区,岩性主要是紫红色泥岩与黄色长石石英砂岩互层,底部为厚层巨砾岩。

(3)新近系(N)。

埋藏于中更新统冲积层之下,岩性为一套棕红色、浅黄色、黄绿色砂质黏土,泥质粉砂层,浅黄色中细砂层及泥卵石层组成。地层相变大,各层交错出现,黏土多固结成岩,较坚硬,砂层中具有水平层理和交错层理,较疏松、纯净,部分地段钙质微胶结,卵石成分主要为石英砂岩,其次为安山玢岩、火山岩,粒径一般为5~10 cm,多以泥卵石层出现。区内该套地层钻孔最大揭露厚度约220 m,未揭穿。

(4)第四系(Q)。

调查区内第四系缺失下更新统。现由老至新分述如下。

①中更新统。

中更新统河流相沉积(Q_2^{al}):本套地层在黄河阶地及漫滩之下普遍存在,为一厚层砂卵石层,卵石成分以灰白色、肉红色石英砂岩为主,次为火山岩、安山岩,部分火成岩已风化,易碎。卵石呈次圆状,分选一般,粒径多为5~20 cm。夹3~5层厚1~3 m的泥卵石及钙质胶结砂卵石,该层厚20~40 m,西薄东厚。在Ⅱ级阶地地区由中更新统上段粉土覆盖。在Ⅰ级阶地及漫滩区,与下伏新近系地层呈侵蚀接触,为中更新统早、中期形成的冲积层。

中更新统黄土(Q_2^{eol}):伏于黄土塬及黄土丘陵上更新统黄土之下,厚30~50 m。岩性为浅棕黄色、黄褐色粉土夹多层浅棕红色古土壤层。

②上更新统(Q_3)。

上更新统河流相沉积(Q_3^{al}):分布在Ⅰ级阶地河床及漫滩之下,为一厚层砂卵石层,卵石成分以灰白色、肉红色石英砂岩为主,次为火成岩、安山玢岩。磨圆度为圆-次圆状,分选一般。卵石间隙有砂土及碎屑充填,疏松。西部卵石较大,可见1.0 m以上的漂石,一般粒径10~40 cm。东部卵石较小,一般粒径5~20 cm,岩层较为稳定,厚30~50 m。

上更新统黄土(Q_3^{eol}):大面积出露于Ⅱ级阶地、黄土台塬及丘陵区,厚8~10 m,岩性为浅黄色粉土,质地疏松,具有良好的垂直节理,下部为一层厚0.5~1.5 m的浅棕红色古土壤。

③全新统(Q_h)。

全新统下段河流相沉积(Q_h^{1al}):分布在黄河Ⅰ级阶地上,岩性由粉土、粉质黏土及粉砂土组成,厚10~30 m。

全新统上段河流相沉积(Q_h^{2al}):分布于河床及漫滩区,岩性由粉细砂、中细砂、粉土组成,厚2~10 m。

全新统上段坡洪积相沉积(Q_h^{2dl-pl}):分布在黄河Ⅰ级阶地后缘,为黄土台塬区冲沟洪水挟带的次生黄土及台塬边缘的坡积物组成,岩性为粉土、粉质黏土夹次圆状钙核及小砾石,上部含砖瓦碎片。在Ⅰ级阶地后缘形成小的坡洪积扇群,覆盖于Ⅰ级阶地冲积层之上,两者之间发育有一层0.5~1.0 m的黑垆土。

3.3　区域地下水的赋存条件与分布规律

地下水的赋存条件及分布规律主要受气象、水文、地形地貌、地层岩性及地质构造等因素控制。气象、水文对调查区地下水的补给、径流、排泄条件起着重要作用,地形地貌、地层岩性及地质构造决定了调查区地下水的空间分布,同时对地下水的补给、径流、排泄条件产生影响。

北部的黄土丘陵、黄土台塬地区堆积了几米至几十米厚的风成黄土(粉土),特别是上更新统黄土垂直节理及孔隙较发育,为地下水的垂直入渗补给创造了有利条件。但由于区内地形坡度较大,黄土冲沟切割较深,使得黄土层分布不连续、厚度不均匀,不利于地下水的补给;同时,其下伏古近系泥岩或中更新黄土本身为弱透水层,不利于地下水的储存,故黄土丘陵、黄土台塬区地下水一般为上层滞水,富水性贫乏,主要含水层位于古近系薄层砂岩中,属碎屑岩类裂隙水。由于古近系砂岩呈薄层状分布,且各含水层之间分布有泥岩,故砂岩各含水层间水力联系微弱。

南部黄河河谷平原区堆积了大量粉土、卵砾石的第四系冲洪积物,是松散岩类孔隙水良好的储存场所,富水性丰富。其下伏新近系泥岩,为第四系松散岩类孔隙水和新近系松散岩类孔隙水的良好隔水层。

综上所述,北部丘陵区垂向上主要为单一的碎屑岩类孔隙裂隙水;南部河谷平原区垂向上由上往下依次分布有第四系松散岩类孔隙水和新近系松散岩类孔隙水,两含水岩组之间有新近系泥岩相隔,水力联系微弱。

3.4 调查评价区水文地质条件

3.4.1 地下水类型

依据含水层介质类型,地下水埋藏条件、赋存规律和水动力特征,调查区内含水层组可划分为松散岩类孔隙水含水层组和碎屑岩类孔隙裂隙水含水层组两类。其中,前者据含水层形成年代和埋藏条件可进一步划分为第四系孔隙水含水层组和新近系孔隙裂隙水含水层组。

3.4.2 含水岩组的划分及富水性

3.4.2.1 松散岩类孔隙水含水岩组

广泛分布于平原区,含水层介质主要为第四系中、上更新统冲洪积、冲积卵砾石、砂层,各层之间水力联系密切,具有统一的自由水面,下伏新近系地层构成相对隔水底板。区内西部含水层组底板埋藏较浅,一般 20~50 m,下伏新近系黏土岩与粉细砂岩互层;东部含水层组底板埋藏相对较深,一般 50~70 m,下伏新近系粉质黏土与黏土岩互层。由于所处地貌单元不同,黄河漫滩与Ⅰ级阶地、Ⅱ级阶地部位含水层组特征又存在明显差异。

漫滩与Ⅰ级阶地:含水层组顶板一般为厚度 4~10 m 的全新统冲积粉砂或粉土层,结构疏松,利于地表水或降雨的入渗;以下主要为中、上更新统卵砾石、漂石层,单层厚度 5~20 m,总厚度 10~60 m,局部夹有细砂、中砂层,含水层组底板埋深 20~70 m。含水层渗透系数一般在 20~50 m/d,单位涌水量一般在 200~1 000 $m^3/(d \cdot m)$,水力性质为潜水。

Ⅱ级阶地:含水层组底板埋深 40~50 m,含水层岩性主要为中更新统砂卵砾石,厚度 10~15 m。上覆 20~30 m 厚的黄土状粉质黏土层,地下水埋深多大于覆盖层厚度,局部具有微承压性质,故整体水力性质定义为潜水。含水层组厚度由西部的 10 m 左右向东逐渐增大到 40~55 m,而含水层组的富水性、渗透性则由强变弱,吉利一带单井单位涌水量 2 400~4 000 $m^3/(d \cdot m)$,渗透系数可达 50 m/d 以上,吉利以东地区单位涌水量一般小于 1 200 $m^3/(d \cdot m)$,渗透系数 20~50 m/d。

根据所处地貌单元存在的差异,采用统一降深 5 m 时的单井涌水量并参考含水层导水系数、地下水埋深等,将平原区第四系松散岩类孔隙水划分为 3 个不同的富水区,如下:

极强富水区(Ⅰ):位于黄河北岸坡头—黄河公路大桥一带,含水层厚度,西部 10~25 m,东部 25~50 m。地下水埋深,漫滩区 2~5 m,Ⅱ级阶地 20~30 m,含水层导水系数 1 500~2 000 m²/d,该区紧邻黄河,呈长条状展布,单井涌水量大于 5 000 m³/d。

强富水区(Ⅱ):分布在黄河北岸坡头村北—横涧—全义农场一带,含水层厚度有较大的差异,北部横涧以西含水层厚 8~20 m,横涧—全义农场含水层厚 20~46.8 m;地下水埋深:Ⅱ级阶地 20~30 m,Ⅰ级阶地 3.0~3.5 m,漫滩区 1.5~2.0 m。含水层导水系数 800~1 500 m²/d,单井涌水量 3 000~5 000 m³/d。

富水区(Ⅲ):分布在黄河北岸东部南社—西酆—张厚林场一带及北岸西部马住—留庄一带,含水层厚度 20~70 m,总的规律是河谷中心厚度大,靠近边缘逐渐变薄。地下水埋深随不同地貌单元而异,Ⅱ级阶地 13~20 m,Ⅰ级阶地 5~12 m,漫滩区 2.5~5.5 m。含水层导水系数 400~800 m²/d,单井涌水量 1 000~3 000 m³/d。

3.4.2.2 碎屑岩类孔隙裂隙水含水层组

分布在调查区北侧的黄土丘陵区,岩性主要为古近系粉细砂岩,地下水赋存于砂岩孔隙裂隙之中,富水性不均,单井涌水量小于 10 m³/d,为富水性差的贫水区,仅可供当地居民部分生活用水。

由于丘陵区地表起伏较大,沟谷密布,地下水在雨季接受降雨入渗后,除部分通过构造裂隙进入地下水循环外,大部以季节性泉水的形式排泄,具有循环深度浅、径流途径短、赋存条件差的特点。

在东北部黄土台塬区,孔隙裂隙含水层组上覆第四系黄土,厚度 20~30 m,发育垂直裂隙和大孔隙,成为大气降雨的入渗通道,在地形地貌适合部位,受下伏透水性差的基岩阻挡,形成斑块状上层滞水,单井涌水量 1~16 m³/d,对当地居民的生活用水具有一定的供水意义。

3.4.3 各含水岩组之间的水力联系

前已述及,受小浪底—金山寺断裂(F₆)控制,北盘上升形成丘陵,南盘下降接受黄河冲洪积物的堆积形成平原,两盘含水层的岩性、富水性及径流条件等差异极大。北盘孔隙裂隙含水层地下水位受地形、地貌及岩性制约变化较大,F₆ 断裂以南的黄河Ⅱ级阶地区含水层之上分布有连续稳定的粉质黏土,致使丘陵区的碎屑岩类孔隙裂隙水与黄河Ⅱ级阶地的松散岩类孔隙水之间水力联系十分微弱。

平原地区,垂向上分布的第四系孔隙含水层组与下伏新近系孔隙含水层组之间,有一层厚 40 m 左右的黏土岩连续稳定分布,故两者之间水力联系微弱。

调查评价区水文地质剖面图见图 3-3、图 3-4。

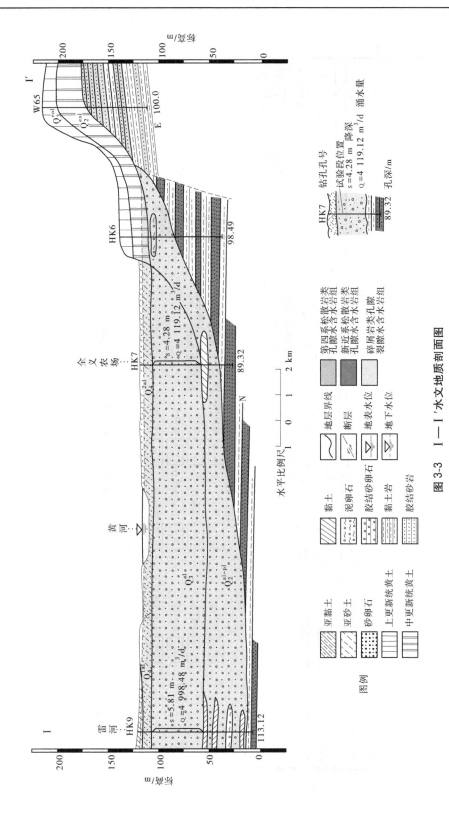

图 3-3 I—I′水文地质剖面图

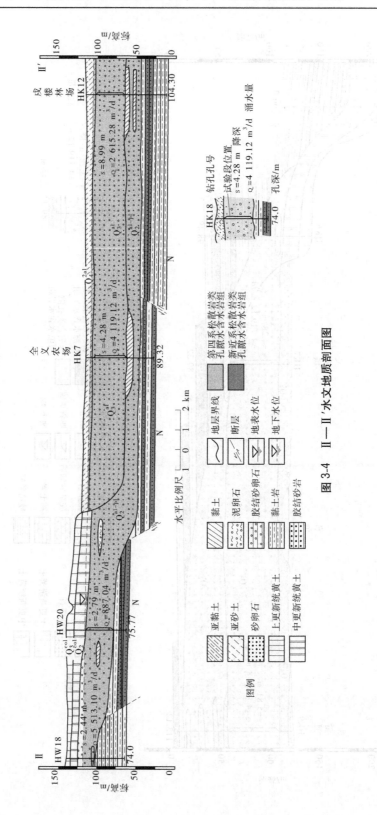

图 3-4　Ⅱ—Ⅱ′水文地质剖面图

3.4.4 地下水补径排特征

3.4.4.1 松散岩类孔隙水

1. 补给

平原区松散岩类孔隙水的补给来源主要有降雨入渗、河流侧渗、灌溉回渗、河渠入渗及邻区地下水径流补给等。

降雨入渗补给:降雨入渗是本区潜水主要补给来源之一,在降雨特征基本一致的同一区内,降雨入渗补给量的多少取决于包气带岩性、土壤含水量、地下水埋深及地形等条件。因此,不同地貌单元、不同岩性的地区,降雨入渗量各异。黄河漫滩区,地表包气带岩性为亚砂土-粉砂土,粉细砂,地下水埋深2~5 m,地形平缓,有利于降雨入渗补给。Ⅰ级阶地地区,包气带岩性多为亚砂土,地下水埋深3~10 m,降雨入渗量占有效降雨量的18%~25%。Ⅱ级阶地包气带岩性为亚砂土-亚黏土,具垂直裂隙及大孔隙,地下水埋深15~30 m,地形略有起伏,阶面上有冲沟发育,降雨入渗量相对较小,占有效降雨量的10%~12%。

地表水入渗补给:区内对潜水补给量较大的地表水体主要是黄河,此外还有一些较小的季节性溪流。区内潜水与黄河水有直接水力联系,潜水位受黄河水位的制约,随地表水的变化而变化。在吉利林场水源地以西地区,黄河水位低于平原区地下水位,黄河排泄地下水。在吉利林场水源地以东地区,工业化程度较高,地下水开采井密度较大,并在吉利林场水源地和集聚区内的河南金山化工有限责任公司—焦作隆丰皮草企业有限公司一带形成了地下水降落漏斗,使平原区地下水位低于黄河水位,接受地表水入渗补给。

灌溉回渗补给:Ⅱ级阶地和高漫滩地区东部水利化程度较高,以井灌为主,机井密布,农灌用水量较大,灌区回渗对潜水的补给不容忽视。

侧向径流补给:区内西部接受地下水侧向径流补给。西部丘陵区沟谷内沉积了一定厚度的第四系,在丰水期沟谷潜水以潜流方式补给区内地下水,但由于沟谷宽度不大,岩性以坡洪积粉质黏土为主,所以潜流补给量十分有限。

2. 径流

区域上平原区松散岩类孔隙水整体流向由西向东径流,局部受工业、生活用水量的长期开采,在吉利林场水源地和集聚区内的河南金山化工有限责任公司—焦作隆丰皮草企业有限公司一带形成了地下水降落漏斗,使地下水由漏斗区向漏斗中心径流,改变了地下水流向。

3. 排泄

平原区松散岩类孔隙水的排泄途径主要有河流排泄、蒸发排泄、开采排泄和鱼塘消耗等。

河流排泄:黄河北岸西霞院水库—吉利水源地,地下水位高于黄河水位,地下水向黄河径流排泄。

蒸发排泄:漫滩区及Ⅰ级阶地前缘,包气带岩性为亚砂土-粉砂土,质地疏松,孔隙度大,潜水埋深小于本区极限蒸发深度,因此蒸发是区内潜水排泄的途径之一。

开采排泄:平原区工农业及生活用水主要开采类型为松散岩类孔隙水,据调查统计,区内多年开采量已达3 869.72万 m^3/a,因此工农业及生活用水开采是潜水的主要排泄途径。

鱼塘消耗:黄河两岸漫滩区有大面积鱼塘分布,主要供水水源为开采地下水。鱼塘区潜水的消耗量为鱼塘的水面蒸发量。

3.4.4.2 碎屑岩类孔隙裂隙水

北部丘陵区内的梯田为旱田,无灌溉水入渗,因此大气降水入渗为碎屑岩孔隙裂隙水的主要补给源。受地形地貌影响,地下水在雨季接受降雨入渗后,顺地势径流,除部分通过构造裂隙进入地下水循环外,大部分以季节性泉水的形式排泄,具有循环深度浅、径流途径短、赋存条件差的特点。主要排泄方式为人工开采和径流排泄。

3.4.5 地下水流场特征

3.4.5.1 松散岩类孔隙水

平原区地下水丰水期流向与枯水期流向基本一致,即区域上平原区松散岩类孔隙水整体流向由西向东径流,局部受工业、生活用水量的长期开采,在吉利林场水源地和集聚区内的河南金山化工有限责任公司—焦作隆丰皮草企业有限公司一带形成了地下水降落漏斗,使地下水由漏斗区向漏斗中心径流,改变了地下水流向。水力坡度一般为 3.2‰~6.8‰,漏斗区坡度较大。枯水期浅层地下水埋深 5.11~41.35 m,水位标高 84.62~120.79 m;丰水期浅层地下水埋深 3.41~38.85 m,水位标高 84.40~112.79 m,年变幅 1.50~2.10 m。

区内平原区地下水与黄河水有直接水力联系,地下水位受黄河水位的制约,随地表水的变化而变化。在吉利林场水源地以西地区,黄河水位低于平原区地下水位,黄河排泄地下水。在吉利林场水源地以东地区,工业化程度较高,地下水开采井密度较大,并在吉利林场水源地和集聚区内的河南金山化工有限责任公司—焦作隆丰皮草企业有限公司一带形成了地下水降落漏斗,使平原区地下水位低于黄河水位,接受地表水入渗补给。

3.4.5.2 碎屑岩类孔隙裂隙水

丘陵地下水流向基本顺地势径流,地下水埋深一般为 27.99~57.01 m,埋藏较深,主要靠上游的径流补给,且开采量相对固定,故年水位变幅较小,一般 0.80~1.20 m。

3.4.6 地下水动态特征

3.4.6.1 松散岩类孔隙水

平原区浅层水动态主要受气象、水文、人工开采等因素的影响而变化。根据不同地段浅层地下水位动态影响因素及影响程度,将区内水位动态归纳为如下几种类型:

降水入渗-径流型:在黄河 I 级阶地及 II 级阶地区,地下水埋深在 4 m 以下,地下水以径流排泄为主,大气降水入渗后,地下水位抬升,补给停止后,地下水位随着径流排泄逐渐下降,然后趋于平缓。其动态特点:年水位变幅大而不均,年变幅一般为 0.8~1.5 m。

降水入渗-弱径流蒸发型:降水入渗-弱径流蒸发型地下水动态分布在漫滩区,地下水埋藏较浅,在 1.5~3.5 m。漫滩区地形平缓,水力坡度较小,地下水径流微弱,由于地下水埋藏浅,地下水蒸发强烈,地下水以蒸发排泄为主。雨季地下水接受入渗补给,潜水位抬升,继之在蒸发作用下,水位又逐渐下降,降到一定埋深后,蒸发微弱,水位趋于稳定。

其动态特点是:年水位变幅值小且各处变幅接近,年变幅一般为 0.6~1.0 m。

降水入渗-径流开采型:工农业开采,使地下水位不同幅度下降。农业开采多集中在干旱季节集中灌水期,在此期间,由于大量开采地下水,造成地下水位下降。如每年 10 月,在小麦播种期间,由于大量开采地下水,使区内地下水位下降 0.2~0.5 m。而在雨季非灌水期,地下水位因降水补给和开采减少而回升。工业开采则由于其水量大而集中,并且开采具有长期性,造成地下水位下降,形成降落漏斗,在吉利林场水源地和集聚区东部为集中开采区,均形成大小不一的降落漏斗。

3.4.6.2　碎屑岩类孔隙裂隙水

丘陵区碎屑岩孔隙裂隙水主要受气象、人工开采等因素的影响而变化,动态类型主要为气象-开采型。其特点是:在降水量少的冬、春干旱季节,地下水位变化不大,随着夏季降水量增大,水位开始回升,峰值出现在降水较大的月份或稍滞后,且开采量大,水位降低,开采量小,水位升高。

3.5　地下水开发利用现状

3.5.1　工业开采地下水现状

区内集中开采区主要有孟州市产业集聚区工业开采区,该区位于东部的河谷后缘,紧靠北邙岭,年开采量为 292 万 m³/a,漏斗中心水位降深 10 m 左右,漏斗面积 20 km²。此处补给条件较差,北部北邙岭为古近系隔水岩层,并且远离黄河。因此,漏斗不稳定,漏斗中心水位以每年 0.5 m 的速度下降,漏斗以每年 0.5~1 km 的速度向四周扩展。但近些年,自顺涧水库建成后,孟州市产业集聚区工业用水逐渐用地表水代替了地下水,仅在河南金山化工有限责任公司东侧留有 2 眼工业用水备用井,地下水开采量减少,漏斗面积呈缩小趋势。

3.5.2　生活饮用开采地下水现状

3.5.2.1　城市供水水源地

区内有 2 处城市饮用水水源地,分别为吉利区地下水饮用水水源地和孟州市地下水饮用水水源地,开采类型均为第四系松散岩类孔隙水。

吉利林场水源地属洛阳吉利自来水有限责任公司,取水水源为黄河干流滩区地下水,水井 13 眼,林场水源地现状供水能力 2 000 m³/h。主要的供水对象为洛阳分公司现有工程的炼油、化工装置和吉利区的城市生活、公共服务业用水,其中向洛阳分公司供水 400 万~500 万 m³/a,向吉利区城市生活和公共服务业供水 200 万~300 万 m³/a。黄河水利委员会许可水量为 720 万 m³/a[取水(国黄)字〔2010〕第 71009 号]。

孟州市的水源地共有水井 10 眼,现状供水能力 500 m³/h,主要的供水对象为孟州市市区生活、公共服务业用水。

3.5.2.2　农村安全饮水水井

区内分散供水水源主要为区内农村的饮用水井,共计 49 眼,供水人口约 52 537 人,若按 50 L/(人·d)的用水标准,则区内生活用水量可达 2 626 m³/d。区内农村生活用水井基本情况见表 3-2。

表 3-2　调查区内生活用水井基本情况一览表

编号	村名	人口/人	坐标		井深/m
			X	Y	
A1	石庄村	1 200	3869130	646977	80
A2	小石庄	86	3867821	646200	120
A3	南洼村	97	3867882	646706	120
A4	上河村	498	3867549	647866	80
A5			3866867	647360.16	80
A6	油坊头	352	3868356	648780	120
A7	寨上庄村	205	3868337.6	645232.85	80
A8	袁屺套村	500	3869023.6	648528.02	120
A9	雷山村	300	3868888.5	648115.83	80
A11	莫沟村	670	3866742	650716	80
A12	店上村	1 970	3865590	650641	80
A13			3865290	650529	60
A14	全义村	1 030	3865201	649653	80
A15			3865334	649520	80
A16	姚庄村	1 134	3866446	652058	80
A17	干沟桥村	1 790	3865140	652123	80
A18			3865061	652099	100
A19	西逯村	2 124	3864583	652690	80
A20			3864432	653024	60
A21	西窑村	705	3865979	654388	150
A22	东窑村	712	3865640	655203	80
A23	西虢村	2 560	3865211	654483	300
A24	路家庄	497	3863901	654749	100
A25	韩庄村	2 555	3865211	654483	100
A26			3865197	657074	100
A27	落驾头村	1 551	3863818	656067	100
A28	戌楼村	1 762	3863118	657081	150
A29	张厚村	1 100	3864318	659066	120

续表 3-2

编号	村名	人口	坐标		井深/m
			X	Y	
A30	义井村	1 868	3863619	658182	100
A31	大宋庄	1 560	3866006	658957	200
A32	小宋庄	1 586	3866799	658936	150
A33	车庄	1 685	3867012	657563	150
A34	赵坡村	1 200	3866903.9	653420.84	90
A35	张洼村	1 540	3868020	651924	80
A36	顺涧村	1 820	3867227	649920	80
A37			3867459	649697	80
A38	杨洼村	580	3868025.3	653577.61	80
A39	张洼村	500	3868027.3	651922.3	150
A40	大张嘴村	300	3868666.8	650448.92	100
A41	西沃村	3 600	3863188	653327	80
A42			3862531	653340	80
A43	斗鸡台村	600	3864145	659919	100
A44	侯庄村	100	3863579	660986	100
A45	冯园村	1 200	3864200	660917	60
A46	南贺庄	1 500	3864026	660327	100
A47	何阳庄	1 000	3863603	660320	100
A48	堤北头村	2 100	3863682	659904	100
A49	寺村	1 800	3859428	660465	80
A50			3859195	660033	80
A51	寺山村	1 600	3858890	658399	80
A52	梁庄村	3 000	3859215	657242	100

3.5.3　农业开采地下水现状

区内农业开采量相对较小,具有明显的季节性,每年的 2 月末至 3 月初,4 月初至 5 月末,8 月末到 10 月初等三个时段为季节性开采期,地下水受其影响,最大降幅可达 0.5~0.8 m,开采时段过后,水位能迅速恢复。农业开采井主要位于平原区,灌溉井密度 2~6 眼/km²,井深一般 50.0~60.0 m。根据河南省水利厅《工业与城镇生活用水定额》(DB 41/T 385—2020),在灌溉保证率 75% 的情况下,平原区小麦灌溉定额 95 m³/亩,玉米灌溉定额 90 m³/亩,调查评价区灌溉面积约 3 万亩,则农业用水年开采量 270 万~285 万 m³。

3.6 地下水水源地保护区的设置

根据《河南省城市集中式饮用水水源保护区划》《河南省县级集中式饮用水水源保护区划》《河南省乡镇集中式饮用水水源保护区划》，集聚区周边共有 3 处地下水饮用水水源保护区，分别为吉利区地下水饮用水水源保护区、孟州市地下水饮用水水源保护区和孟州市槐树乡地下水井群饮用水水源保护区。

孟州市产业集聚区周边地下水水源保护区划分基本情况见表 3-3。

表 3-3 孟州市产业集聚区周边地下水水源保护区划分基本情况

水源地名称	地下水类型	地下水水井数量	保护区的设置			水源地与水源地保护区的相对位置关系
			一级保护区	二级保护区	准保护区	
吉利区地下水饮用水水源保护区	第四系松散岩类孔隙水	13 眼	水井外围 50 m 的区域	孟州林场内一级保护区以外的全部区域	无	位于集聚区地下水径流方向西南侧；集聚区距二级保护区的直线距离为 3.81 km
孟州市地下水饮用水水源保护区	第四系松散岩类孔隙水	10 眼	取水井外包线以外 200 m 的区域	一级保护区外 800 m 的区域	黄河洛阳与孟州交界处至横山村的水域	位于集聚区地下水径流方向上游；集聚区距二级保护区的直线距离为 2.12 km
孟州市槐树乡地下水井群饮用水水源保护区	基岩类型水	2 眼	1# 供水站厂区及外围东 40 m、南至 043 县道、北 35 m 的区域	无	无	位于集聚区地下水径流方向上游；集聚区距一级保护区的直线距离为 2.43 km
			2# 汤庙水库提灌站厂区西 44 m、南 40 m 的区域	无	无	位于集聚区地下水径流方向上游；集聚区距一级保护区的直线距离为 2.62 km

3.6.1 市级地下水水源保护区

（1）吉利区地下水饮用水水源保护区。

吉利区地下水饮用水水源保护区（孟州林场共 13 眼井）划分如图 3-5 所示。

一级保护区:水井外围 50 m 的区域。

二级保护区:孟州林场内一级保护区以外的全部区域。

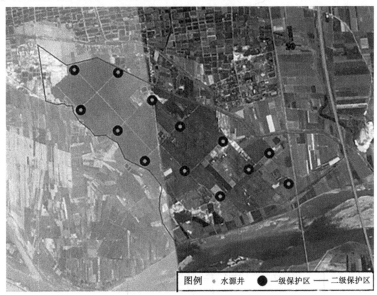

图 3-5　吉利区地下水饮用水水源保护区范围

(2)孟州市地下水饮用水水源保护区。

孟州市地下水饮用水水源保护区(共 10 眼井)划分如图 3-6、图 3-7 所示。

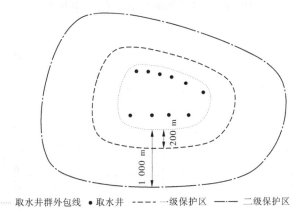

········· 取水井群外包线　● 取水井　--- 一级保护区　—— 二级保护区

图 3-6　孟州市水源地一级、二级保护区范围

一级保护区:取水井外包线以外 200 m 的区域。

二级保护区:一级保护区外 800 m 的区域。

准保护区:黄河洛阳与孟州交界处至横山村的水域。

3.6.2　乡镇级地下水水源保护区

孟州市槐树乡地下水井群饮用水水源保护区(共 2 眼井)划分如图 3-8、图 3-9 所示。

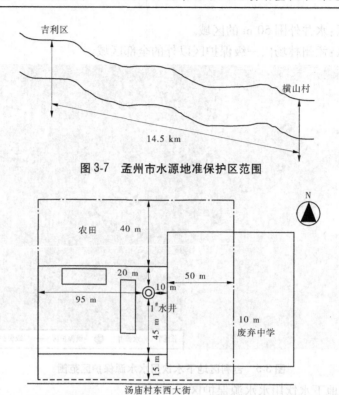

图 3-7　孟州市水源地准保护区范围

图 3-8　孟州市槐树乡汤庙村 1# 保护区范围

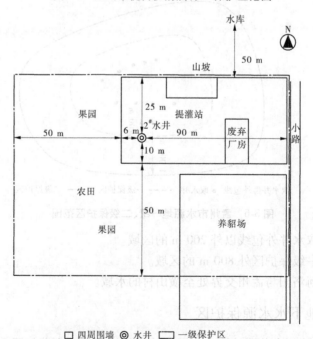

图 3-9　孟州市槐树乡汤庙村 2# 保护区范围

一级保护区范围:供水站厂区及外围东 40 m、南至 043 县道、北 35 m 的区域(1#取水井);汤庙水库提灌站厂区西 44 m、南 40 m 的区域(2#取水井)。

3.6.3 集聚区与地下水水源保护区的位置关系

孟州市产业集聚区与吉利区地下水饮用水水源保护区、孟州市地下水饮用水水源保护区和孟州市槐树乡地下水井群饮用水水源保护区的相对位置关系见图 3-10。

3.6.3.1 拟建项目与孟州市槐树乡地下水井群饮用水水源保护区的位置关系

受小浪底—金山寺断裂(F₆)控制,北盘上升形成丘陵,南盘下降接受黄河冲洪积物的堆积形成平原,两盘含水层的岩性、富水性及径流条件等差异极大。丘陵区地下水类型主要为基岩裂隙水,且受地形、地貌及岩性制约变化较大;平原区地下水类型第四系松散岩类孔隙水,垂向上分布的第四系孔隙含水层组与下覆基岩裂隙孔隙含水层组之间有一层厚 40 m 左右的粉质黏土岩层连续稳定分布,两者之间水力联系微弱。

孟州市槐树乡地下水井群饮用水水源保护区北部的基岩山区,属于集聚区地下水径流方向上游,距一级保护区的直线距离为 2.62 km,开采类型为基岩裂隙水,且受小浪底—金山寺断裂(F₆)的阻水作用,与平原区第四系松散岩类孔隙水水力联系微弱,故集聚区的建设对该水源地的影响作用较小。

3.6.3.2 拟建项目与吉利林场水源地保护区的位置关系

由集聚区松散岩类孔隙水地下水流场图可知,区域上松散岩类孔隙水地下水流向整体由西向东径流,局部受工业、生活用水量的长期开采,在吉利林场水源地和集聚区内的河南金山化工有限责任公司—焦作隆丰皮草企业有限公司一带形成了地下水降落漏斗,使地下水由漏斗区向漏斗中心径流,改变了地下水流向。

吉利林场水源地位于黄河漫滩区,距黄河距离较近,含水层岩性以粉细砂、中细砂等砂层为主,渗透性好,有利于地表黄河水的补给,故该水源地形成的漏斗范围有限。以 111 m 等水位线闭合区域计算,漏斗面积约 1.67 km²。集聚区距该水源地二级保护区的直线距离为 3.81 km,由地下水流场图可知,该水源地位于集聚区地下水流向的西南侧,非下游区域,故不接受集聚区地下水的补给,受建设项目影响较小。

3.6.3.3 拟建项目与孟州市水源地保护区的位置关系

孟州产业集聚区位于东部的河谷后缘,紧靠北邙岭,未用地表水前年开采量较大。由于北部北邙岭为古近系隔水岩层,并且远离黄河,补给条件较差,故常年补给量小于开采量,在河南金山化工有限责任公司—焦作隆丰皮草企业有限公司一带形成了地下水降落漏斗,使地下水由漏斗区向漏斗中心径流,改变了地下水流向。

由集聚区松散岩类孔隙水地下水流场图可知,孟州水源地位于集聚区地下水径流方向上游,且集聚区距该水源地二级保护区的直线距离为 2.12 km,故水源地为集聚区地下水的补给区,建设项目对该水源地的影响较小。

图 3-10 调查评价区地下水水源地保护区与集聚区相对位置

4　场地水文地质特征

4.1　项目场地概述

4.1.1　场地位置

孟州市产业集聚区包括东、西两片区。西区规划范围:东至顺涧村西边界,西至小石庄村西边界,北至油坊头村南边界、上河水库北、石庄村南边界,南至洛阳石化,规划面积为 3.97 km²(全部为发展区);东区规划范围:东至城西大道,西至二广高速公路,南至珠江大道、龙腾路、龙蟠大道、横八路,北至黄河西路,规划面积 25.63 km²(建成区 11.59 km²、发展区 11.04 km²、控制区 3 km²)。

4.1.2　地质环境综述

孟州市产业集聚区西片区位于北部黄土丘陵区,地形起伏较大,冲沟发育,总体上呈东高西低之势,地面标高 150~230 m,相对高差 50 m 左右。地表岩性多被上更新统黄土覆盖,仅局部零星出露古近系泥岩、砂岩。场地范围内主要为农田(旱田)。

孟州市产业集聚区东片区位于黄河冲洪积二级阶地,地面标高 120~150 m,阶面西高东低,后缘向前缘倾斜,阶面上局部地区冲沟较发育。Ⅱ级阶地前缘与Ⅰ级阶地或漫滩呈陡坎接触,陡坎高 3~10 m。Ⅱ级阶地后缘与黄土台塬或丘陵区呈缓坡过渡,阶面南北宽1.0~4.0 km,东西长 23.0 km。

与集聚区有关的断裂均为未断入第四系的前第四系基岩断裂,它们对场址影响有限,更不会产生断错地表的活动构成潜在危险,因此可一并不考虑断裂对场址的影响。根据《中国地震动参数区划图》(GB 18306—2015),集聚区范围及周围区域抗震设防烈度为 7度,设计基本地震加速度值为 0.10g,设计地震分组为第二组,地震动峰值加速度为0.10g,特征周期 0.35 s,相应地震基本烈度为Ⅶ度。

4.2　场地水文地质勘查

4.2.1　钻探工作布置

本次水文地质勘查,依据《环境影响评价技术导则 地下水环境》(HJ 610—2016)的工作布置要求,在水文地质调查的基础上,结合调查区内已有的地质、水文地质勘探成果,本次在集聚区内及周边布置 6 眼水文地质监测井,深度 50.0~80.0 m,总进尺 405.0 m。勘探点分布位置见图 4-1。典型地层结构柱状见图 4-2~图 4-7。

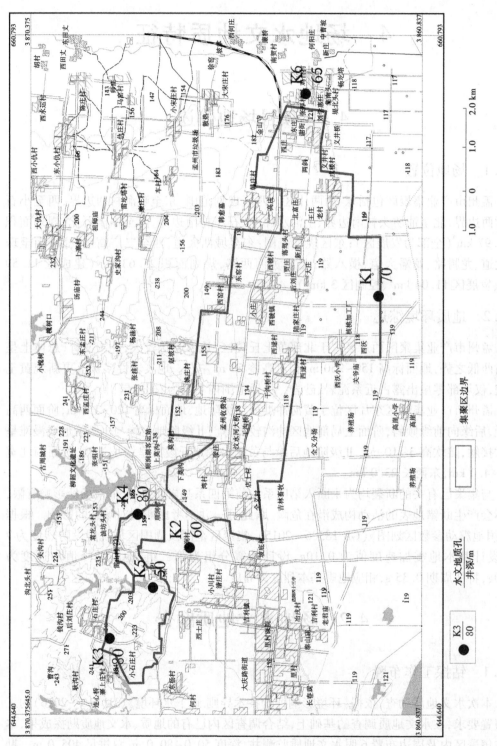

图 4-1　水文地质钻探点位置分布

工程名称	孟州市产业集聚区规划环境影响评价地下水水文地质勘查						
钻孔编号	K1			钻孔位置	工业第三大道与X046道交叉口东南角		
孔口高程	115.8 m	坐	x=654 422.546 0 m	开工日期	2016.3.10	稳定水位深度	11.05 m
孔口直径	230.00 mm	标	y=3 861 851.321 2 m	竣工日期	2016.3.13	测量水位日期	2016.4.20

地层编号	时代成因	层底高程/m	层底深度/m	分层厚度/m	地层剖面和钻孔结构	岩土名称及其特征	备注
①	Q_h	108.3	7.50	7.50	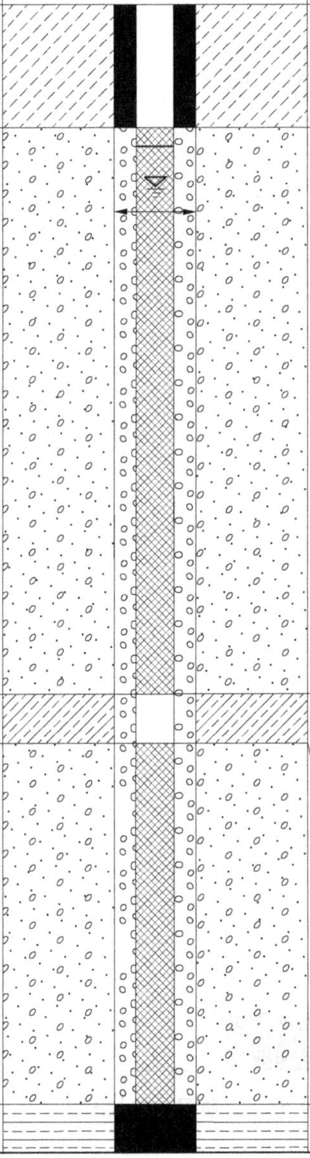	粉土:褐黄-黄褐色,结构松散,含白色菌丝状物和黑色斑点,孔隙发育,具虫孔,为沟谷冲积的新近堆积黄土,上部0.7 m为耕植土,岩性以粉土为主	1.孔径及管径 孔径φ230 mm 管径φ110 mm 2.成井材料 PVC-U井管 3.滤水材料 1~3 mm石英砂 4.止水及封孔 止水材料:黏土 封孔材料:黏土+水泥
③	Q_3	73.80	42.00	34.50		卵石:灰白色,颜色较杂,母岩主要为石英砂岩,直径一般为3.0~8.0 cm,最大超过20 cm,磨圆度好,充填物主要为粉细砂、粉土	
	Q_2	70.80	45.00	3.00		粉质黏土:棕红-棕褐色,含白色丝状条纹及黑色斑纹,切面稍有光泽,裂隙、孔隙稍发育,夹薄层粉土、粉砂	
		48.60	67.20	22.20		卵石:灰白色,颜色较杂,母岩主要为石英砂岩,直径一般为3.0~8.0 cm,最大超过20 cm,磨圆度好,充填物主要为粉细砂、粉土	
④	N	45.80	70.00	2.80		泥岩:棕红色,厚层状构造,裂隙不发育,微风化	

图4-2　K1勘探孔柱状图

工程名称	孟州市产业集聚区规划环境影响评价地下水水文地质勘查						
钻孔编号	K2				钻孔位置	横涧村东侧拆迁废弃工厂内	
孔口高程	144.27 m	坐	x=648 489.887 0 m	开工日期	2016.3.14	稳定水位深度	24.35 m
孔口直径	230.00 mm	标	y=3 866 396.521 3 m	竣工日期	2016.3.17	测量水位日期	2016.4.20

地层编号	时代成因	层底高程/m	层底深度/m	分层厚度/m	地层剖面和钻孔结构	岩土名称及其特征	备注
①	Q₃	140.77 130.67	3.50 13.60	3.50 10.10	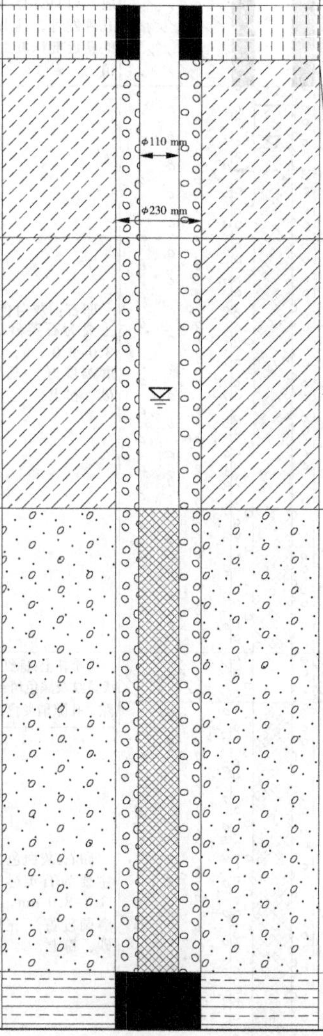 φ110 mm φ230 mm	黄土状粉土:褐黄-黄褐色,含白色菌丝状物和黑色斑点,孔隙发育,见虫孔,为沟谷冲积的新近堆积黄土,上部偶见植物根系,底部局部地段富含姜石 粉土:褐黄-黄褐色,结构松散,含白色菌丝状物和黑色斑点,孔隙发育,具虫孔,为沟谷冲积的新近堆积黄土	1.孔径及管径 孔径φ230 mm 管径φ110 mm 2.成井材料 PVC-U井管 3.滤水材料 1~3 mm石英砂 4.止水及封孔 止水材料:黏土 封孔材料:黏土+水泥
②		114.77	29.50	15.90		粉质黏土:棕红-棕褐色,含白色丝状条纹及黑色斑纹,切面稍有光泽,裂隙、孔隙稍发育,夹薄层粉土、粉砂	
③	Q₂	87.87	56.40	26.90		卵石:灰白色,颜色较杂,母岩主要为石英砂岩,直径一般为3.0~8.0 cm,最大超过20 cm,磨圆度好,充填物主要为粉细砂、粉土	
④	N	84.27	60.00	3.60		泥岩:棕红色,厚层状构造,裂隙不发育,微风化	

图 4-3 K2 勘探孔柱状图

工程名称	孟州市产业集聚区规划环境影响评价地下水水文地质勘查						

钻孔编号	K3		钻孔位置	石庄村南村口			
孔口高程	240.73 m	坐标	x=646 376.527 1 m	开工日期	2016.3.17	稳定水位深度	51.6 m
孔口直径	230.00 mm		y=3 868 491.674 0 m	竣工日期	2016.3.21	测量水位日期	2016.4.20

地层编号	时代成因	层底高程/m	层底深度/m	分层厚度/m	地层剖面和钻孔结构	岩土名称及其特征	备注
①	Q₃	237.53	3.20	3.20		黄土状粉土:褐黄色,含白色菌丝状物和黑色斑点,孔隙发育,见虫孔,为沟谷冲积的新近堆积黄土,局部夹有碎石	1.孔径及管径 孔径φ230 mm 管径φ110 mm
②		234.73	6.00	2.80	φ110 mm / φ230 mm	黄土状粉质黏土:褐红色,局部夹褐黄色粉土,偶见小螺壳碎片,孔隙不发育	2.成井材料 PVC-U井管
④	E	215.33	25.40	19.40		泥岩:褐红色,矿物成分主要为黏土矿物,中厚层构造,风干易裂解,结构部分破坏,裂隙不发育,岩芯多呈柱状,指甲可刻划,强度很低,遇水易软化,属于半胶结状岩石	3.滤水材料 1~3 mm石英砂 4.止水及封孔 止水材料:黏土 封孔材料:黏土+水泥
		211.93	28.80	3.40		粉砂岩:褐红色、灰白色,矿物成分主要为石英、长石、云母等,中厚层构造,泥质胶结,风干易裂解,结构部分破坏,裂隙稍发育,岩芯多呈柱状,属于半胶结状岩石	
		202.33	38.40	9.60		泥岩:褐红色,矿物成分主要为黏土矿物,中厚层构造,风干易裂解,结构较破坏,裂隙不发育,岩芯多呈长柱状,中风化	
		199.53	41.60	2.80		粉砂岩:褐红色,矿物成分主要为石英、长石、云母等,中厚层构造,泥质胶结,风干易裂解,结构部分破坏,裂隙稍发育,岩芯多呈柱状,中风化	
		185.93	55.20	13.60		泥岩:褐红色,矿物成分主要为黏土矿物,中厚层构造,风干易裂解,结构完整,裂隙不发育,岩芯多呈长柱状,微风化	
		181.93	59.20	4.00	▽	粉砂岩:褐红色,矿物成分主要为石英、长石、云母等,中厚层构造,泥质胶结,风干易裂解,结构部分破坏,裂隙稍发育,岩芯多呈短柱状,中风化	
		176.33	64.80	5.60		泥岩:棕红色,厚层状构造,裂隙不发育,微风化	
		174.83	66.30	1.50		粉砂岩:褐红色,矿物成分主要为石英、长石、云母等,中厚层构造,泥质胶结,风干易裂解,裂隙稍发育,岩芯多呈短柱状,中风化	
		165.63	76.00	9.20		泥岩:棕红色,厚层状构造,裂隙不发育,岩性完整,呈长柱状,未风化	
		163.83	77.80	1.80		粉砂岩:褐红色,中厚层构造,泥质胶结,风干易裂解,裂隙稍发育,岩芯多呈短柱状,中风化	
		161.63	80.00	2.20		泥岩:棕红色,厚层状构造,裂隙不发育,岩性完整,呈长柱状,未风化	

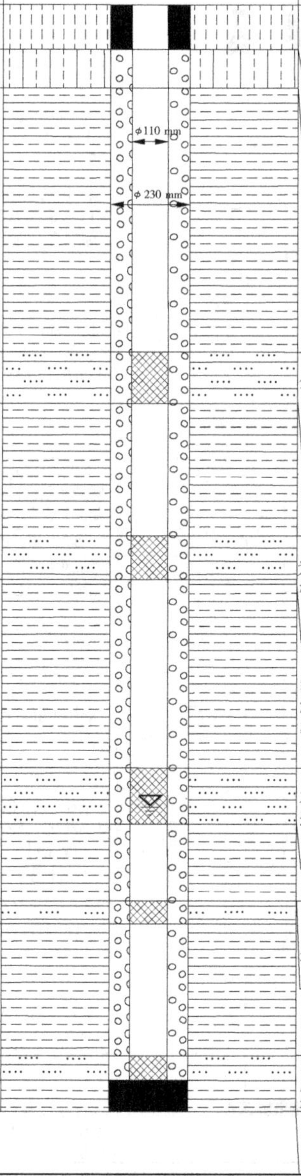

图4-4　K3勘探孔柱状图

工程名称	孟州市产业集聚区规划环境影响评价地下水水文地质勘查						
钻孔编号	K4			钻孔位置	顺涧村北500 m		
孔口高程	176.33 m	坐	x=649 427.365 0 m	开工日期	2016.3.22	稳定水位深度	36.8 m
孔口直径	230.00 mm	标	y=3 867 834.567 1 m	竣工日期	2016.3.24	测量水位日期	2016.4.20

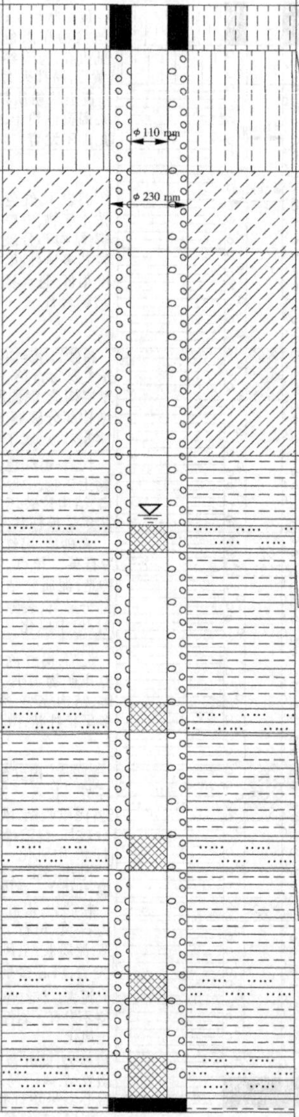

地层编号	时代成因	层底高程/m	层底深度/m	分层厚度/m	地层剖面和钻孔结构	岩土名称及其特征	备注
①	Q₃	173.13	3.20	3.20		黄土状粉土:褐黄色,含白色菌丝状物和黑色斑点,孔隙发育,见虫孔,为沟谷冲积的新近堆积黄土,局部夹有碎石	1.孔径及管径 孔径φ230 mm 管径φ110 mm
②		164.33	12.0	8.80		黄土状粉质黏土:褐红色,局部夹褐黄色粉土,偶见小螺壳碎片,孔隙不发育	2.成井材料 PVC-U井管
③	Q₂	158.53	17.80	5.80		粉土:褐黄-黄褐色,结构松散,含白色菌丝状物和黑色斑点,孔隙发育,局部夹有碎石	3.滤水材料 1~3 mm石英砂 4.止水及封孔 止水材料:黏土 封孔材料:黏土+水泥
		143.83	32.50	14.70		粉质黏土:棕红-棕褐色,含白色丝状条纹及黑色斑纹,切面稍有光泽,裂隙、孔隙稍稍不发育	
④	E	138.75	37.60	5.10		泥岩:褐红色,中厚层构造,风干易裂解,结构较破坏,裂隙不发育,岩芯多呈长柱状,中风化	
		136.83	39.50	1.90		粉砂岩:褐红色,中厚层构造,泥质胶结,风干易裂解,结构部分破坏,裂隙稍发育,岩芯多呈柱状,中风化	
		123.53	46.80	13.30		泥岩:褐红色,中厚层构造,风干易裂解,结构完整,裂隙不发育,岩芯多呈长柱形,微风化	
		119.93	50.40	3.60		粉砂岩:褐红色,中厚层构造,泥质胶结,风干易裂解,结构部分破坏,裂隙稍发育,岩芯多呈柱状,中风化	
		115.33	60.00	4.60		泥岩:棕红色,厚层状构造,裂隙不发育,微风化	
		112.83	62.50	2.50		粉砂岩:褐红色,中厚层构造,泥质胶结,风干易裂解,结构较完整,裂隙稍发育,岩芯多呈短柱状,中风化	
		105.33	70.00	7.50		泥岩:棕红色,厚层状构造,裂隙不发育,岩性完整,呈长柱状,未风化	
		103.33	72.00	2.00		粉砂岩:褐红色,中厚层构造,泥质胶结,风干易裂解,结构较完整,裂隙稍发育,岩芯多呈短柱状,中风化	
		99.33	76.00	4.00			
		96.33	79.00	3.00			
		95.33	80.00	1.00		泥岩:棕红色,厚层状构造,裂隙不发育,岩性完整,呈长柱状,未风化	

图 4-5　K4 勘探孔柱状图

工程名称	孟州市产业集聚区规划环境影响评价地下水水文地质勘查						
钻孔编号	K5			钻孔位置	上河村烧砖场西北角		
孔口高程	154.59 m	坐	x=647 666.123 4 m	开工日期	2016.3.25	稳定水位深度	20.04 m
孔口直径	230.00 mm	标	y=3 867 431.560 7 m	竣工日期	2016.3.28	测量水位日期	2016.4.20

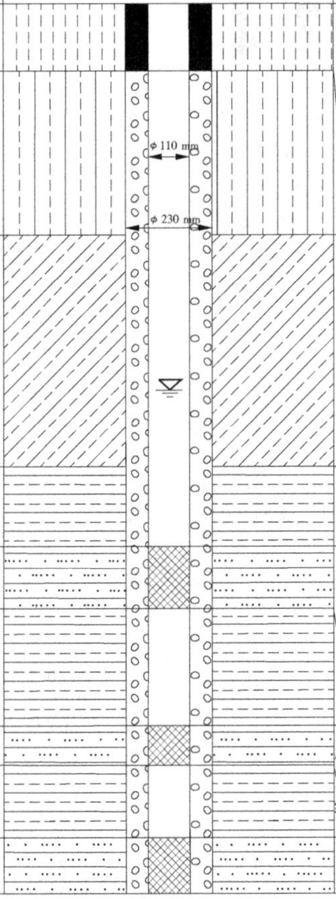

地层编号	时代成因	层底高程/m	层底深度/m	分层厚度/m	地层剖面和钻孔结构	岩土名称及其特征	备注
①		150.80	3.80	3.80		黄土状粉土:褐黄–黄褐色,含白色菌丝状物和黑色斑点,孔隙发育,见虫孔,为沟谷冲积的新近堆积黄土,上部偶见植物根系,底部局部地段富含姜石	1.孔径及管径孔径φ230 mm管径φ110 mm 2.成井材料PVC-U井管
②	Q₃	141.60	13.00	9.20	φ 110 mm / φ 230 mm	黄土状粉质黏土:褐红色,局部夹褐黄色粉土,偶见小螺壳碎片,孔隙不发育,夹有小碎石,粒径0.20~0.50 cm	3.滤水材料1~3 mm石英砂 4.止水及封孔止水材料:黏土封孔材料:黏土+水泥
③	Q₂	128.59	26.00	13.00		粉质黏土:棕红–棕褐色,含白色丝状条纹及黑色斑纹,切面稍有光泽,裂隙、孔隙不发育,局部夹小砾石	
④	E	124.09	30.50	4.50		泥岩:褐红色,中厚层构造,风干易裂解,结构较破坏,裂隙不发育,岩芯多呈长柱状,中风化	
		120.59	34.0	3.50		粉砂岩:褐红色,中厚层构造,泥质胶结,风干易裂解,结构部分破坏,裂隙稍发育,岩芯多呈柱状,中风化	
		113.99	40.60	6.60		泥岩:褐红色,中厚层构造,风干易裂解,结构完整,裂隙不发育,岩芯多呈长柱形,中风化	
		111.79	42.80	2.20		粉砂岩:褐红色,中厚层构造,泥质胶结,风干易裂解,结构部分破坏,裂隙稍发育,岩芯多呈短柱状,中风化	
		107.79	46.80	4.00		泥岩:褐红色,中厚层构造,风干易裂解,结构完整,裂隙不发育,岩芯多呈长柱形,中风化	
		104.59	50.00	3.20		粉砂岩:褐红色,中厚层构造,泥质胶结,风干易裂解,结构部分破坏,裂隙稍发育,岩芯多呈短柱状,中风化	

图 4-6 K5 勘探孔柱状图

工程名称	孟州市产业集聚区规划环境影响评价地下水水文地质勘查							
钻孔编号	K6				钻孔位置		张厚村村南口东南角农田旁	
孔口高程	128.62 m		坐	x=659 628.146 0 m	开工日期	2016.3.29	稳定水位深度	25.43 m
孔口直径	230.00 mm		标	y=3 863 578.150 6 m	竣工日期	2016.3.31	测量水位日期	2016.4.20

地层编号	时代成因	层底高程/m	层底深度/m	分层厚度/m	地层剖面和钻孔结构	岩土名称及其特征	备注
①	Q₃	117.32	11.30	11.30	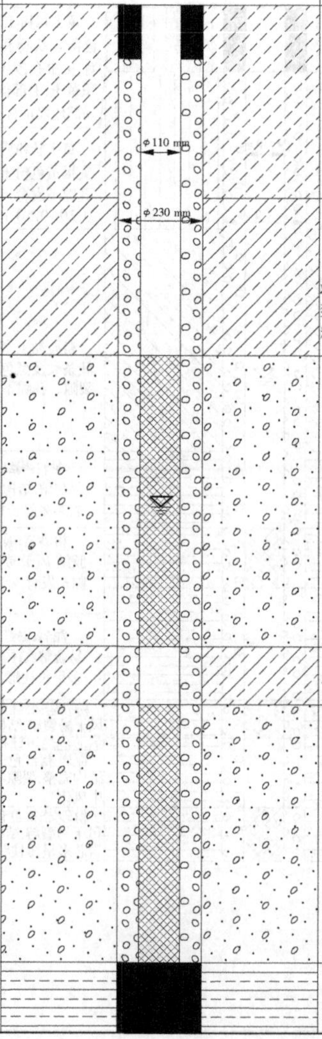	粉土:褐黄-黄褐色,结构松散,含白色菌丝状物和黑色斑点,孔隙发育,具虫孔,为沟谷冲积的新近堆积黄土	1.孔径及管径 孔径φ230 mm 管径φ110 mm 2.成井材料 PVC-U井管 3.滤水材料 1~3 mm石英砂 4.止水及封孔 止水材料:黏土 封孔材料:黏土+水泥
②		108.12	20.50	9.20		粉质黏土:棕红-棕褐色,含白色丝状条纹及黑色斑纹,切面稍有光泽,裂隙、孔隙稍发育,夹薄层粉土、粉砂	
③	Q₂	91.12	37.50	17.00		卵石:灰白色,颜色较杂,母岩主要为石英砂岩,直径一般为3.0~8.0 cm,最大超过20 cm,磨圆度好,充填物主要为粉细砂	
		88.62	40.00	2.50		粉质黏土:棕红色,含白色丝状条纹及黑色斑纹,切面稍有光泽,裂隙、孔隙稍不发育	
		72.62	56.00	16.00		卵石:灰白色,颜色较杂,母岩主要为石英砂岩,直径一般为3.0~8.0 cm,最大超过20 cm,磨圆度好,充填物主要为粉细砂	
④	N	68.62	60.00	4.00		泥岩:棕红色,厚层状构造,裂隙不发育,微风化	

图 4-7 K6 勘探孔柱状图

4.2.2　地层岩性特征

4.2.2.1　西区

集聚区西片区位于北部丘陵区,地表岩性多被上更新统黄土覆盖,仅局部零星出露古近系泥岩、砂岩。本次80 m勘探范围内,依据地层时代、成因及埋藏规律自上而下分为4层,详述如下。

层①黄土状粉土(Q_3^{al+pl}):褐黄-黄褐色,含白色菌丝状物和黑色斑点,孔隙发育,具虫孔,为沟谷冲积的新近堆积黄土,上部偶见植物根系,底部局部地段富含姜石。该层场地内均有分布,层底深度0~4.6 m,层厚0~4.6 m。

层②黄土状粉质黏土(Q_3^{al+pl}):褐黄-褐红色,局部为粉土,偶见小螺壳碎片,孔隙不发育。该层在局部地段有黄褐色-棕褐色的黏土夹层(属古土壤层),整个场地内均有分布。层底深度5.6~15.8 m,层厚7.50~12.30 m。

层③粉质黏土(Q_2^{al+pl}):棕红-棕褐色,含白色丝状条纹及黑色斑纹。该层在上部偶见小块姜石,在层底部分地段含较多姜石及卵石,局部夹粉土、粉砂。该层在场地内普遍分布,层底深度5.3~26.7 m,层厚8.6~24.5 m。

层④泥岩、粉砂岩(E):泥岩-褐红色,矿物成分主要为黏土矿物,中厚层构造,风干易裂解,结构部分破坏,裂隙不发育,岩芯多呈柱状,指甲可刻划,强度很低,遇水易软化,属于半胶结状岩石。粉砂岩-褐红色、灰白色,矿物成分主要为石英、长石、云母等,中厚层构造,泥质胶结,风干易裂解,结构部分破坏,裂隙稍发育,岩芯多呈柱状,属于半胶结状岩石,强度很低,遇水易软化,属于半胶结状岩石。该层未揭穿,最大揭露厚度74 m。

4.2.2.2　东区

集聚区东片区位于黄河冲洪积平原二级阶地上,地层岩性以粉土、粉质黏土、砂卵石等第四系冲洪积、坡积物为主,本次60 m勘探范围内,依据地层时代、成因及埋藏规律自上而下分为4层,详述如下。

层①粉土(Q_3^{al+pl}):褐黄-黄褐色,结构松散,含白色菌丝状物和黑色斑点,孔隙发育,具虫孔,为沟谷冲积的新近堆积黄土,上部大部分为耕植土,局部可见废砖块、垃圾等杂填土。该层场地内均有分布,层底深度6.2~10.5 m,层厚6.2~10.5 m。

层②粉质黏土(Q_2^{al+pl}):棕红-棕褐色,含白色丝状条纹及黑色斑纹,切面稍有光泽,裂隙、孔隙稍发育。该层在上部偶见小块姜石,局部夹粉土、粉砂。该层在场地内普遍分布,层底深度16.7~28.6 m,层厚8.6~14.5 m。

层③卵石(Q_2^{al+pl}):灰白色,颜色较杂,母岩主要为石英砂岩,直径一般为3.0~8.0 cm,最大超过20 cm,磨圆度好,充填物主要为砂土,局部为漂石,该层在场地内普遍分布,厚度稳定,普遍大于10 m。层底深度57.0~65.3 m,层厚26.8~47.2 m。

层④泥岩(N):该层泥岩、砂岩呈互层或交错分布,且泥岩裂隙不发育,呈厚层状构造,为第四系含水层与新近系含水层的良好隔水层。该层未揭穿,根据区域以往钻孔资料(HK6),揭露最大厚度为46.8 m。

4.3　场地水文地质特征

受小浪底—金山寺断裂控制,场地以北上升形成黄土丘陵及黄土台塬,场地及以南区块则下降构成黄河古今河道,从而形成两个不同性质的水文地质单元。

4.3.1　西区

由场地水文地质剖面图(见图4-8~图4-10)可知,西片区勘探深度范围内的地层主要由层①黄土状粉土、层②黄土状粉质黏土(Q_3^{al+pl})、层③粉质黏土(Q_2^{al+pl})和层④泥岩、粉砂岩(E)。其中,层①黄土状粉土、层②黄土状粉质黏土(Q_3^{al+pl})、层③粉质黏土(Q_2^{al+pl})和部分层④泥岩构成包气带,层④间的粉砂岩为主要的含水层,地下水类型为碎屑岩类裂隙水,具有承压性。

层④粉砂岩在西区内稳定分布,在石村一带零星出露,其他区域均埋藏于第四系粉土、粉质黏土之下。在本次勘探范围内可见3~4层,单层厚度一般0.4~4.5 m,富水性弱,仅供当地居民分散开采使用。根据集聚区内居民实际供水状况,该层地下水埋深41.66~51.96 m,单井出水量一般小于100 m³/d,属贫水区。同时,由于④层为泥岩、粉砂岩互层结构,故碎屑岩类裂隙水多呈层状分布,各含水层间水力联系微弱,无统一水位。碎屑岩类裂隙水主要接受大气降水入渗补给,受地形地貌、地质构造影响,整体顺地势由高向低处径流,除部分通过构造裂隙进入地下水循环外,大部分以季节性泉水的形式排泄,具有循环深度浅、径流途径短、赋存条件差的特点。主要排泄方式为人工开采和径流排泄,故动态特征为“气象-开采”型。

4.3.2　东区

由场地水文地质剖面图(见图4-11~图4-14)可知,东片区勘探深度范围内的地层主要由层①粉土(Q_3^{al+pl})、层②粉质黏土(Q_2^{al+pl})、层③卵石(Q_2^{al+pl})和层④泥岩、粉砂岩(N)构成。其中,层①粉土(Q_3^{al+pl})和层②粉质黏土(Q_2^{al+pl})构成包气带,下部层④泥岩则为松散岩类孔隙水的隔水底板。

层③卵石颜色较杂,母岩主要为石英砂岩,直径一般为3.0~8.0 cm,最大超过20 cm,磨圆度好,充填物主要为砂土,局部为漂石。该层主要场地内均有分布,层底深度57.0~65.3 m,层厚26.8~47.2 m。厚度由北向南、由西向东逐渐变厚。根据中国石油化工股份有限公司洛阳分公司1 800万t/a炼油扩能改造工程14#井抽水试验结果,④层卵石含水层导水系数为1 830 m²/d,渗透系数为74.69 m/d,降深3.82 m,单井涌水量为1 317.5 m³/d,换算为5 m降深单井涌水量可达1 724.5 m³/d,水量较丰富。

因集聚区内西部层②粉质黏土中均存在有10.0 m左右厚的饱水层,具有微承压性;但在金山化工一带层③卵石上部已被疏干,故将集聚区内的松散岩类孔隙水统一定义为孔隙潜水。其补给方式主要有大气降水、灌溉回渗、河流补给,由于在金山化工一带形成的地下水降落漏斗,故地下水流向由四周向漏斗中心汇流,以人工开采为主要泄水途径,故地下水类型主要为“气象-开采”型。

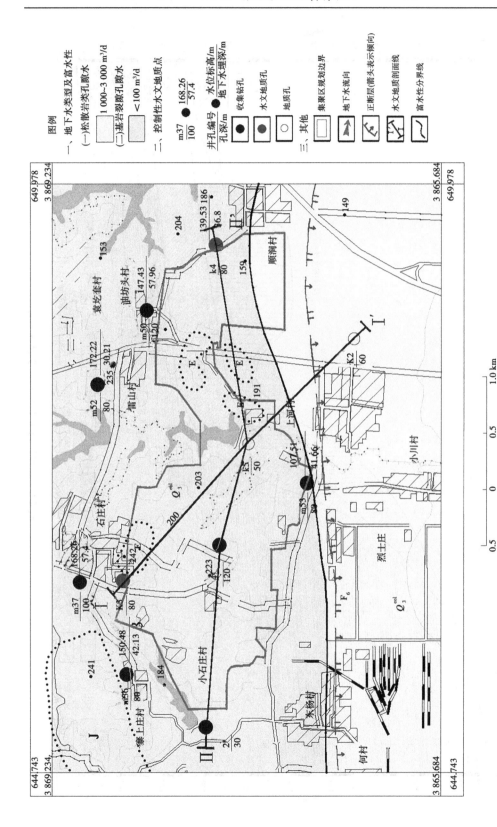

图 4-8 集聚区西区地下水水文地质图

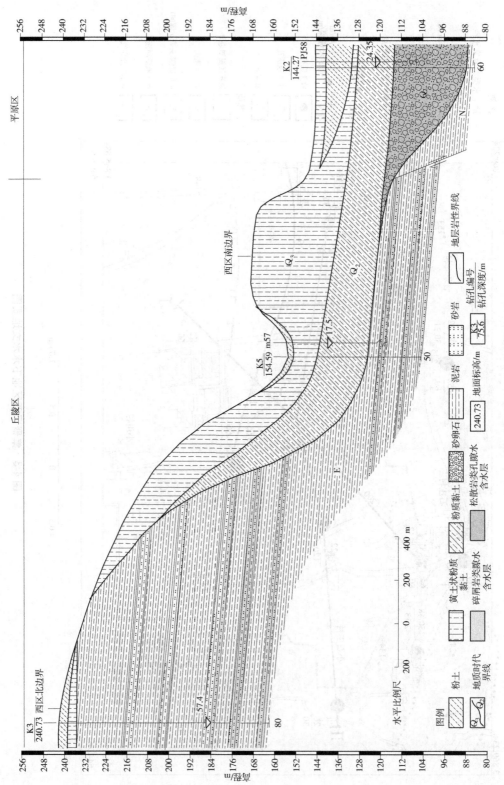

图 4-9　集聚区西区 Ⅰ—Ⅰ′水文地质剖面

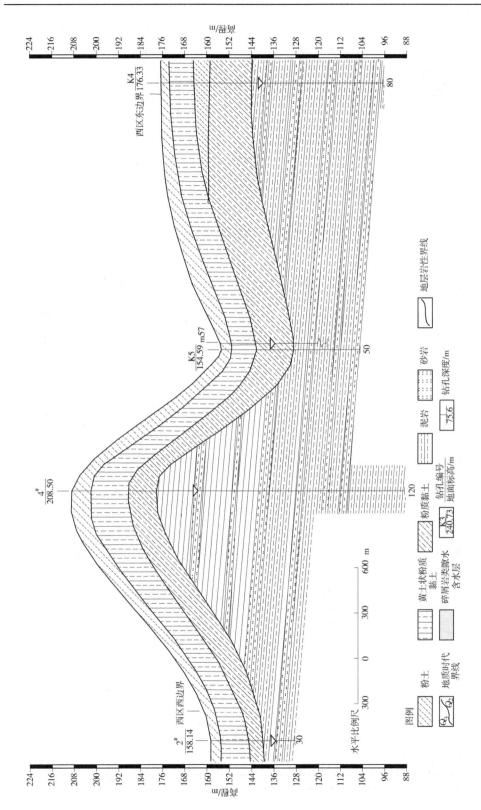

图 4-10 集聚区西区 Ⅱ—Ⅱ′水文地质剖面

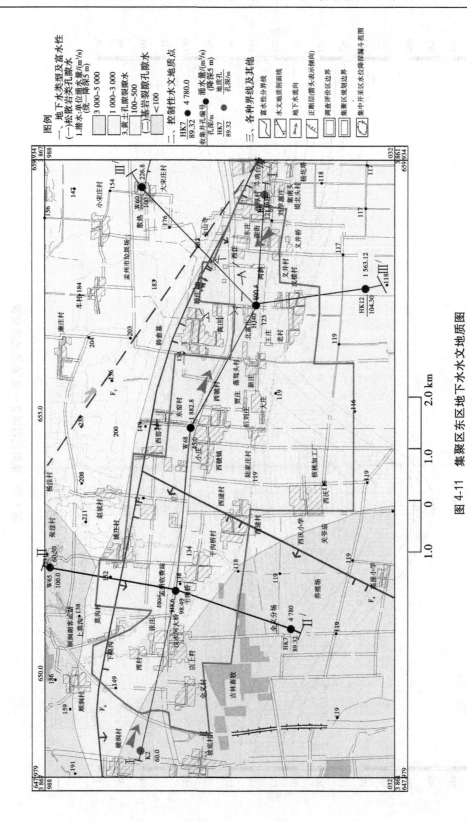

图 4-11 集聚区东区地下水水文地质图

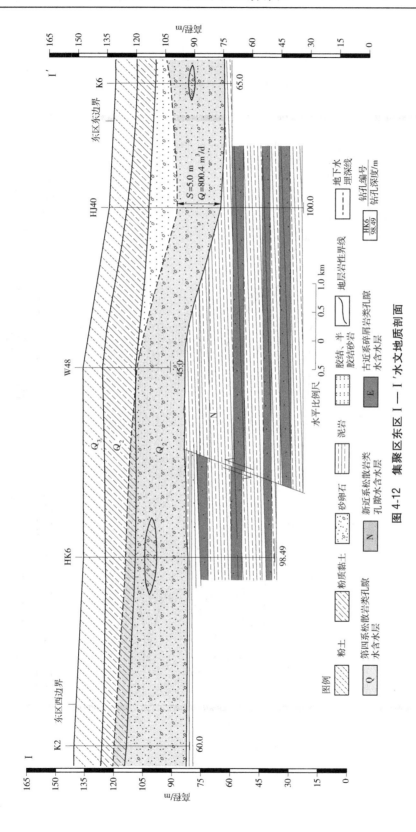

图 4-12 集聚区东区 I—I′水文地质剖面

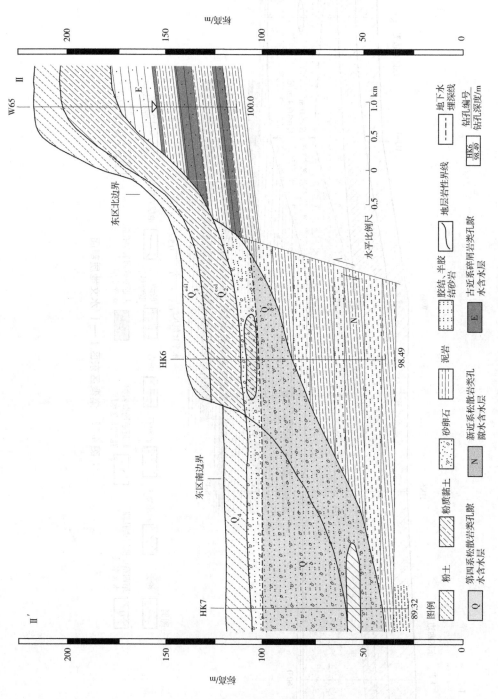

图 4-13 集聚区东区 Ⅱ—Ⅱ′水文地质剖面

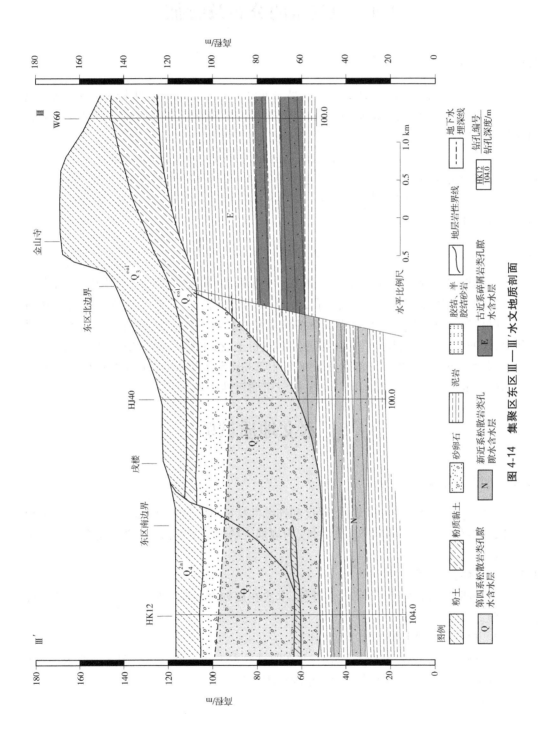

图 4-14 集聚区东区 Ⅲ—Ⅲ′水文地质剖面

4.4　包气带的分布及特征

4.4.1　西区

西区场地包气带岩性为粉质黏土,并呈二元结构。上部为黄土状粉质黏土(马兰黄土),褐黄色,可塑-硬塑,局部坚硬,含白色菌丝状物及植物根,偶见小螺壳碎片。下部为粉质黏土(离石黄土),棕红-棕褐色,可塑-硬塑,底部呈硬塑-坚硬,含白色丝状条纹及黑色斑纹,该层在上部偶见小块姜石,在层底部分地段含较多姜石,局部夹粉土。上述两层粉质黏土整个场地内均有分布,厚度普遍大于 23.4~32.7 m。据现场渗水试验资料,黄土粉质黏土包气带垂向渗透系数在 $7.84×10^{-6}$~$9.86×10^{-6}$ cm/s,平均值 $9.02×10^{-6}$ cm/s,包气带防污性能为"中"。

4.4.2　东区

东区场地包气带岩性为粉土、粉质黏土。上部粉土,褐黄-黄褐色,结构松散,含白色菌丝状物和黑色斑点,孔隙发育,具虫孔,为沟谷冲积的新近堆积黄土,上部大部分为耕植土,局部可见废砖块、垃圾等杂填土。下部粉质黏土棕红-棕褐色,含白色丝状条纹及黑色斑纹,切面稍有光泽,裂隙、孔隙稍发育。上述粉土、粉质黏土在场地均连续分布,厚度普遍为 12.5~26.8 m。据现场渗水试验资料,上部粉土包气带垂向渗透系数在 $6.24×10^{-5}$~$7.30×10^{-5}$ cm/s,平均值 $6.73×10^{-5}$ cm/s,包气带防污性能为"中"。

4.5　水文地质试验

4.5.1　包气带渗水试验

通过钻探资料分析包气带岩性、厚度和连续性特征,通过试坑渗水试验测试包气带渗透性能,综合分析包气带的天然防渗性能,为规划区场地地下水污染防治措施的设计提供科学依据。

4.5.1.1　试验点位置

为了查明集聚区场地包气带渗透性能,本次在规划区内共选取 7 个点进行试坑双环渗水试验。

4.5.1.2　包气带岩性特征

渗水试验前,首先挖至试验目的层,并在距试验点 1.0 m 处先用洛阳铲探明表层 3.0 m 厚包气带的岩性特征,各渗水试验点情况见表 4-1。

表 4-1 试坑渗水试验点基本情况

试验位置	试验编号	坐标		包气带岩性特征
		X	Y	
西区	SS1	3 859 925	19 646 174	粉质黏土
	SS2	3 859 928	19 647 740	粉质黏土
	SS3	3 850 701	19 655 025	粉质黏土
东区	SS4	3 865 751	19 655 022	粉土
	SS5	3 862 657	19 655 023	粉土
	SS6	3 850 724	19 655 234	粉土
	SS7	3 863 910	19 655 305	粉土

4.5.1.3　试验方法

1. 设备的安装

(1)选定试验位置,开挖至试验目的层土后再下挖一个 30 cm 的渗水试坑,清平坑底。

(2)将直径分别为 25 cm 和 50 cm 的两个试环按同心圆状压入坑底,深 5~8 cm,确保试环周边不漏水。

(3)在内环及内、外环之间铺 2 cm 厚的粒径 5~8 mm 的粒料作缓冲层。

2. 试验步骤

(1)同时向内环和内、外环之间渗水,保持环内水柱高度均在 10 cm 左右,开始进行内环注入流量量测。

(2)开始每隔 5 min 量测 1 次渗水量,连续量测 5 次;之后每隔 15 min 量测 1 次,连续量测 2 次;以后每隔 30 min 量测 1 次并持续量测多次。

(3)第 n 次和第 $n-1$ 次渗水量之差小于第 $n+1$ 次渗水量的 10%,试验结束。

(4)用洛阳铲探明渗水试验的渗入深度。

4.5.1.4　参数计算

试坑双环渗水试验按下列公式计算试验层的渗透系数:

$$K = \frac{16.67QZ}{F(H + Z + 0.5H_a)} \tag{4-1}$$

式中:K 为试验土层渗透系数,cm/s;Q 为内环最后一次渗水量,L/min;F 为内环底面积,cm^2;H 为试验水头,cm;H_a 为试验土层毛细上升高度,cm,取经验值;Z 为渗水试验的渗入深度,cm。

4.5.1.5　试验结果

集聚区规划场地包气带双环渗水试验计算结果见表 4-2。

表 4-2　试坑双环渗水试验成果计算

试验位置	试验编号	F/cm^2	H/cm	Z/cm	H_a/cm	$Q/(L/min)$	$K/(cm/s)$ 计算值	$K/(cm/s)$ 平均值
西区	SS1	490.625	10	22.6	350	$2.67×10^{-3}$	$9.88×10^{-6}$	$9.02×10^{-6}$
	SS2			20.3	350	$2.33×10^{-3}$	$7.84×10^{-6}$	
	SS3			18.7	350	$3.00×10^{-3}$	$9.36×10^{-6}$	
东区	SS4	490.625	10	61.4	200	$6.00×10^{-3}$	$7.30×10^{-5}$	$6.73×10^{-5}$
	SS5			57.8	200	$5.33×10^{-3}$	$6.24×10^{-5}$	
	SS6			50.3	200	$6.67×10^{-3}$	$7.11×10^{-5}$	
	SS7			53.2	200	$5.67×10^{-3}$	$6.28×10^{-5}$	

4.5.2　注水试验

4.5.2.1　试验孔位置

本项目水文地质勘探期间,在 K3 和 K4 号水文地质勘探孔中,对③层黄土状粉质黏土进行了钻孔常水头注水试验工作,从而求得该层渗透性能。

4.5.2.2　注水试验

向套管内注入清水,当水位距离管口 5 cm 时,用量桶量测注入水量并使水位保持不变。开始每隔 5 min 量测 1 次,连续量测 5 次,以后每隔 20 min 量测 1 次,并连续量测 6 次。第 5 次与第 4 次的注入流量之差小于第 6 次注入流量的 10%,取第 6 次注入流量作为计算值。

4.5.2.3　注水试验结果

因试段位于地下水位以上,且 $50<H/r<200$、$H≤l$ 时,渗透系数计算公式如下:

$$K = \frac{7.05Q}{lH}\lg\frac{2l}{r} \tag{4-2}$$

式中:K 为试验岩土层渗透系数,cm/s;Q 为注入流量,L/min;H 为试验水头,cm;l 为试段长度,cm;r 为钻孔内半径,cm。

ZS1 孔和 ZS2 孔注水试验结果见表 4-3。

表 4-3　注水试验结果

位置	编号	$Q/(L/min)$	H/cm	l/cm	r/cm	$K/(cm/s)$ 计算值	$K/(cm/s)$ 平均值
灰场	ZS1	0.28	700	700	5.5	$9.65×10^{-6}$	$1.40×10^{-5}$
	ZS2	0.40	600	600	5.5	$1.83×10^{-5}$	

4.5.3　抽水试验

在中国石油化工股份有限公司洛阳分公司 1 800 万 t/a 炼油扩能改造工程地下水环境影响评价期间,选择 11# 和 14# 水文地质勘探孔进行了现场抽水试验工作。11# 孔位于扩建场地西南角,选取其东侧偏北 315.67 m 处的民井作为观测孔;14# 孔位于老厂区南大门外东南,选取其东侧 170 m 处的民井作为观测孔。抽水试验综合成果见表 4-4 和表 4-5。

表 4-4　11#孔抽水试验综合成果

孔号	11#		含水层厚度/m		11.90		水泵	8JD80×15	过滤器长度/m		15.45
孔深/m	49.00		抽、观孔距离/m		315.67		动力	22 kW 电动机	地下水类型		微承压水
降落次数	抽水日期		抽水时间/h		静止水位/m		水位降深/m		流量/(t/d)	单位涌水量/[t/(d·m)]	
	起	止	总计	稳定	11#	观1	11#	观1			
1	9 月 24 日 8 时 30 分	9 月 25 日 10 时 30 分	26	10	19.90	22.10	5.32	0.04	1 780.62	334.70	
2	9 月 25 日 10 时 30 分	9 月 25 日 17 时 30 分	7	6	19.90	22.10	3.82	0.02	1 317.50	344.89	
3	9 月 26 日 8 时 30 分	9 月 27 日 11 时 0 分	26.5	9	19.92	22.14	6.30		1 953.94	310.15	

表 4-5　14#孔抽水试验综合成果

孔号	14#		含水层厚度/m		24.50		水泵	4″深井泵	过滤器长度/m		25.0
孔深/m	52.1		抽、观孔距离/m		170.0		动力	15 kW 电动机	地下水类型		微承压水
降落次数	抽水日期		抽水时间/h		静止水位/m		水位降深/m		流量/(t/d)	单位涌水量/[t/(d·m)]	
	起	止	总计	稳定	14#	观1	14#	观1			
1	9 月 18 日 10 时 45 分	9 月 19 日 4 时 0 分	17.25	14	30.93	33.07	1.76		1 200.27	682.00	
2	9 月 19 日 4 时 0 分	9 月 20 日 18 时 0 分	38	18	30.93	33.07	0.54		603.42	1 117.40	
3	9 月 20 日 19 时 30 分	9 月 21 日 3 时 0 分	7.5	6	30.93	33.07	1.13		1 054.08	932.80	
4	9 月 21 日 3 时 0 分	9 月 22 日 17 时 30 分	14.5	9	30.93	33.07	0.89	0.025	919.04	1 032.6	

采用直线解析法,按下列公式计算含水层的导水系数和渗透系数:

$$T = 0.183 \frac{Q}{M} \qquad\qquad (4\text{-}3)$$

$$K = \frac{T}{M} \qquad\qquad (4\text{-}4)$$

式中:T 为导水系数,m^2/d;Q 为抽水井涌水量,m^3/d;M 为 s-$\lg t$ 直线斜率;K 为渗透系数, m/d。

通过式(4-3)、式(4-4)计算,11#孔含水层导水系数为 469 m^2/d,渗透系数为 39.4 m/d;14#孔含水层导水系数为 1 830 m^2/d,渗透系数为 74.69 m/d。

由区域地质及水文地质条件可知,集聚区与中国石油化工股份有限公司洛阳分公司 1 800 万 t/a 炼油扩能改造工程场地同属黄河冲洪积 Ⅱ 级阶地,含水层岩性相同,均为砂卵石(Q_2^{al+pl}),故本次集聚区含水层渗透系数可参考中国石油化工股份有限公司洛阳分公司 1 800 万 t/a 炼油扩能改造工程场地抽水试验结果。

4.5.4　室内渗透试验

本次水文地质勘查期间,在场地内对原状土进行了取样,共计 31 组,并送实验室进行变水头渗透试验,以求取包气带的垂直渗透系数和水平渗透系数,试验成果见表4-6。

表 4-6　室内渗透试验成果

取样位置	野外编号	取样深度/m	水平渗透系数/(cm/s)	垂向渗透系数/(cm/s)	土的名称	说明
东区	K1-1	2.00~2.20	4.29×10^{-5}	5.92×10^{-5}	粉土	包气带
	K2-1	2.00~2.20	2.70×10^{-7}	5.23×10^{-7}	粉质黏土	
	K2-2	4.00~4.20	6.81×10^{-7}	7.12×10^{-7}	粉土	
	K2-3	6.00~6.20	1.98×10^{-6}	4.40×10^{-7}	粉土	
	K2-4	8.00~8.20	1.53×10^{-6}	1.61×10^{-6}	粉质黏土	
	K2-5	10.00~10.20	9.94×10^{-7}	1.71×10^{-6}	粉土	包气带
	K2-6	12.00~12.20	1.95×10^{-6}	6.16×10^{-6}	粉质黏土	
	K2-7	14.00~14.20	6.29×10^{-7}	4.82×10^{-7}	粉质黏土	
	K2-8	16.00~16.20	4.08×10^{-7}	5.06×10^{-7}	粉土	
	K2-9	18.00~18.20	3.79×10^{-6}	2.54×10^{-6}	粉土	
	K2-10	20.00~20.20	2.34×10^{-7}	8.48×10^{-7}	粉土	包气带
西区	K3-1	2.00~2.20	7.20×10^{-7}	4.14×10^{-7}	粉土	包气带
	K3-2	3.80~4.00	5.11×10^{-6}	8.00×10^{-6}	粉质黏土	
	K4-1	2.00~2.20	1.82×10^{-6}	2.15×10^{-6}	粉土	
	K4-2	4.00~4.20	2.52×10^{-5}	2.87×10^{-5}	粉质黏土	
	K4-3	6.00~6.20	1.19×10^{-7}	2.83×10^{-7}	粉质黏土	包气带
	K4-4	8.00~8.20	4.69×10^{-7}	5.77×10^{-7}	粉质黏土	
	K4-5	10.00~10.20	4.25×10^{-7}	5.67×10^{-7}	粉质黏土	

续表 4-6

取样位置	野外编号	取样深度/m	水平渗透系数/ (cm/s)	垂向渗透系数/ (cm/s)	土的名称	说明
西区	K4-6	12.00~12.20	2.43×10^{-7}	2.70×10^{-7}	粉质黏土	包气带
	K4-7	14.00~14.20	4.00×10^{-6}	5.92×10^{-6}	粉质黏土	
	K4-8	16.00~16.20	3.88×10^{-6}	4.32×10^{-6}	粉质黏土	
	K4-9	18.00~18.20	4.16×10^{-6}	5.73×10^{-6}	粉土	
	K4-10	20.00~20.20	8.68×10^{-5}	8.56×10^{-5}	粉质黏土	
	K5-1	2.00~2.20	6.28×10^{-6}	6.31×10^{-6}	粉土	包气带
	K5-2	4.00~4.20	7.75×10^{-7}	9.07×10^{-7}	粉质黏土	
	K5-3	6.00~6.20	1.45×10^{-7}	3.85×10^{-7}	粉土	
	K5-4	8.00~8.20	3.39×10^{-7}	3.82×10^{-7}	粉质黏土	
	K5-5	10.00~10.20	8.90×10^{-7}	9.07×10^{-7}	粉土	
	K5-6	12.00~12.20	1.09×10^{-7}	3.14×10^{-7}	粉土	
	K5-7	14.00~14.20	1.33×10^{-7}	2.22×10^{-5}	粉土	
	K5-8	16.00~16.20	1.58×10^{-6}	1.55×10^{-6}	粉土	
	K5-9	18.00~18.20	2.25×10^{-5}	4.24×10^{-5}	粉土	
	K5-10	20.00~20.20	8.07×10^{-6}	9.02×10^{-6}	粉土	

由表 4-6 可知,东区包气带粉土垂直渗透系数为 5.92×10^{-5}~8.48×10^{-7} cm/s,平均值为 6.92×10^{-6} cm/s;水平渗透系数为 4.29×10^{-5}~9.94×10^{-7} cm/s,平均值为 5.03×10^{-6} cm/s。粉质黏土垂直渗透系数为 1.71×10^{-6}~4.40×10^{-7} cm/s,平均值为 8.70×10^{-7} cm/s;水平渗透系数为 1.98×10^{-6}~2.70×10^{-7} cm/s,平均值为 1.15×10^{-6} cm/s。

西区包气带粉土垂直渗透系数为 8.56×10^{-5}~2.70×10^{-7} cm/s,平均值为 1.03×10^{-5} cm/s;水平渗透系数为 8.68×10^{-5}~2.70×10^{-7} cm/s,平均值为 8.50×10^{-6} cm/s。粉质黏土垂直渗透系数为 8.56×10^{-5}~2.70×10^{-7} cm/s,平均值为 1.00×10^{-5} cm/s;水平渗透系数为 8.68×10^{-5}~1.19×10^{-7} cm/s,平均值为 9.32×10^{-6} cm/s。

5 环境质量现状监测与评价

5.1 地下水水质现状监测

参照《环境影响评价技术导则 地下水环境》(HJ 610—2016),该项目属于Ⅰ类建设项目一级评价,建设项目场地位于黄河冲积平原区,水质监测频率为一期。因此,本次丘陵区碎屑岩类裂隙水、黄河冲积平原区第四系松散岩类孔隙水水质监测评价以枯水期为代表,于2017年5月25日对调查评价区地下水水质进行了现场采样,并委托河南省地质环境监测院实验测试中心(MA2015160516G)对水样进行分析检测。

5.1.1 监测点位

依据调查评价区水文地质条件、场地位置和《环境影响评价技术导则 地下水环境》(HJ 610—2016)有关地下水环境现状监测的要求,选取14组地下水水质监测点对调查评价区内的地下水环境质量现状进行监测与评价,其中碎屑岩类裂隙水地下水水质监测点5组,第四系松散岩类孔隙水地下水监测点9组,各监测点位置基本情况见表5-1。

表5-1 地下水水质现状监测点具体情况

监测区域	点号	坐标		位置	监测层位	井深/m	地下水埋深/m
		X	Y				
西区	1#	3 867 708	77 354	水文地质监测孔K4孔	碎屑岩类裂隙水	80	51.43
	2#	3 867 567	645 135	东杨村北侧养殖场		100	井口封死
	3#	3 866 867	647 360	上河村饮水井南井		80	41.66
	4#	3 868 828	646 912	石庄村饮水井东井		100	34.47
	5#	3 867 766	646 303	南洼村饮水井		130	井口封死
东区	6#	3 863 126	650 924	全义农场农用井	第四系松散岩类孔隙水	60	5.75
	7#	3 865 590	650 641	店上村饮用水水井		80	井口封死
	8#	3 861 769	655 979	农田灌溉井		60	17.72
	9#	3 864 700	657 127	金山化工用水井		80	41.35
	10#	3 863 792	659 343	张厚村灌溉井		60	29.81
	11#	3 866 232	648 321	G207洗车用水井		60	24.35
	12#	3 867 459	649 697	顺涧村饮水井西井		80	井口封死
	13#	3 865 130	654 471	西霸镇饮水井		200	井口封死
	14#	3 860 826	647 491	吉利林场水源地井		80	井口封死

5.1.2 监测项目及方法

地下水监测因子为 K^+、Na^+、Ca^{2+}、Mg^{2+}、NH_4^+、CO_3^{2-}、HCO_3^-、Cl^-、SO_4^{2-} 等常规因子和 pH、氨氮、硝酸盐、亚硝酸盐、挥发性酚类、氰化物、氟化物、铬(六价)、总硬度、铅、溶解性总固体、高锰酸盐指数、镍、铜、镉等水质因子,共计 24 项。样品的采集、保存、分析与质量控制均按《地下水环境监测技术规范》(HJ/T 164—2004)进行。各监测项目分析方法见表 5-2,水质现状检测结果见表 5-3、表 5-4。

表 5-2 地下水水质监测方法

项目	检测方法依据	检查方法	检出限(B)/(mg/L)
K^+	GB/T 8538—2008	火焰原子吸收分光光度法	0.20
Na^+	GB/T 5750.6—2006	火焰原子吸收分光光度法	0.50
Ca^{2+}	GB/T 8538—2008	乙二胺四乙酸二钠滴定法	2.00
Mg^{2+}	GB/T 8538—2008	乙二胺四乙酸二钠滴定法	1.00
NH_4^+	GB/T 5750.5—2006	纳氏试剂分光光度法	0.02
Cl^-	GB/T 5750.5—2006	硝酸银容量法	3.00
SO_4^{2-}	GB/T 5750.5—2006	硫酸钡比浊法	5.00
HCO_3^-	GB/T 8538—2008	滴定法	10.00
CO_3^{2-}	GB/T 8538—2008	滴定法	0
NO_3^-	GB/T 5750.5—2006	紫外分光光度法	0.10
NO_2^-	GB/T 5750.5—2006	重氮偶合分光光度法	0.004
F^-	GB/T 5750.5—2006	离子选择电极法	0.10
pH	GB/T 5750.4—2006	玻璃电极法	1~14(±0.01)
氨氮(以 N 计)	GB/T 5750.5—2006	纳氏试剂分光光度法	0.016
溶解性总固体	GB/T 5750.4—2006	称量法	5.00
高锰酸盐指数	GB/T 5750.7—2006	酸性高锰酸钾滴定法	0.20
总硬度 (以 $CaCO_3$ 计)	GB/T 5750.4—2006	乙二胺四乙酸二钠滴定法	5.00
挥发性酚	GB/T 5750.4—2006	4-氨基安替吡啉三氯甲烷萃取分光光度法	0.002
氰化物	GB/T 5750.5—2006	异烟酸-巴比妥酸分光光度法	0.002
铬(六价)	GB/T 5750.6—2006	二苯碳酰二肼分光光度法	0.01
镉	GB/T 5750.6—2006	无火焰原子吸收分光光度法	0.001
铅	GB/T 5750.6—2006	无火焰原子吸收分光光度法	0.01
镍	GB/T 5750.6—2007	无火焰原子吸收分光光度法	0.02
铜	GB 7475—1987	原子吸收分光光度法	0.005

表 5-3　调查评价区地下水常规因子水质检测结果一览表

单位:mg/L

监测层位	监测点编号	钾	钠	钙	镁	氯化物	硫酸盐	HCO_3^-	CO_3^{2-}	水化学类型
碎屑岩类裂隙水	1#	1.45	40.71	37.88	22.96	16.31	38.90	266.05	0	HCO_3–Ca·Mg·Na
	2#	1.76	69.59	65.53	35.24	34.39	159.46	275.81	0	HCO_3·SO_4–Ca·Na·Mg
	3#	0.66	40.86	60.52	30.62	37.93	44.67	281.91	0	HCO_3–Ca·Mg
	4#	1.07	36.44	75.75	36.69	37.93	86.93	272.76	0	HCO_3–Ca·Mg
	5#	1.20	81.34	40.28	21.38	30.84	62.92	288.62	0	HCO_3–Na·Ca
	6#	1.65	71.83	116.03	55.04	101.39	123.44	371.00	0	HCO_3–Ca·Mg
	7#	1.80	76.99	148.90	70.35	240.35	111.43	269.10	0	Cl·HCO_3–Ca·Mg
	8#	5.34	132.20	257.31	90.27	193.56	397.69	649.86	0	HCO_3·SO_4–Ca·Mg
	9#	2.28	96.32	146.29	55.04	41.48	391.92	326.46	0	HCO_3·SO_4–Ca
第四系松散岩类孔隙水	10#	3.13	190.60	141.28	64.27	124.78	403.93	374.05	0	SO_4·HCO_3–Na·Ca·Mg
	11#	0.90	40.62	65.53	30.62	37.93	56.68	269.10	0	HCO_3–Ca·Mg
	12#	2.19	54.42	103.41	45.93	79.41	123.44	250.18	0	HCO_3–Ca·Mg
	13#	1.51	60.53	47.90	26.00	29.07	44.67	323.41	0	HCO_3–Na·Ca·Mg
	14#	2.30	65.90	68.14	33.66	45.02	93.18	345.37	0	HCO_3–Ca·Na·Mg

表 5-4　调查评价区浅层地下水水质检测结果一览表

监测层位	监测点编号	NH₄⁺/(mg/L)	Cl⁻/(mg/L)	SO₄²⁻/(mg/L)	HCO₃⁻/(mg/L)	NO₃⁻/(mg/L)	NO₂⁻/(mg/L)	F⁻/(mg/L)	Zn/(mg/L)	Cu/(mg/L)	Pb/(mg/L)
碎屑岩类裂隙水	1#	<0.02	16.31	38.90	266.05	13.20	0.044	0.54	<0.005	<0.005	<0.005
	2#	<0.02	34.39	159.46	275.81	12.12	0.008	0.84	0.210	<0.005	<0.005
	3#	<0.02	37.93	44.67	281.91	23.50	0.004	0.76	0.072	<0.005	0.007
	4#	<0.02	37.93	86.93	272.76	46.88	0.012	0.50	0.031	<0.005	<0.005
	5#	<0.02	30.84	62.92	288.62	10.42	0.008	0.70	0.008	<0.005	<0.005
	6#	<0.02	101.39	123.44	371.00	105.50	0.008	0.40	0.008	<0.005	<0.005
	7#	<0.02	240.35	111.43	269.10	151.50	0.032	0.50	0.006	<0.005	<0.005
	8#	0.04	193.56	397.69	649.86	27.27	1.000	0.12	0.012	<0.005	0.010
	9#	<0.02	41.48	391.92	326.46	54.50	0.008	0.50	0.023	<0.005	<0.005
第四系松散岩类孔隙水	10#	0.1	124.78	403.93	374.05	126.25	2.800	0.30	0.044	<0.005	<0.005
	11#	<0.02	37.93	56.68	269.10	41.88	<0.004	0.50	0.011	<0.005	<0.005
	12#	<0.02	79.41	123.44	250.18	129.50	0.280	0.50	0.014	<0.005	<0.005
	13#	<0.02	29.07	44.67	323.41	10.60	<0.004	0.56	0.007	<0.005	<0.005
	14#	<0.02	45.02	93.18	345.37	3.18	0.004	0.80	0.005	<0.005	0.008

续表 5-4

监测层位	监测点编号	Cd/(mg/L)	Ni/(mg/L)	Cr^{6+}/(mg/L)	总硬度/(mg/L)	COD_{Mn}/(mg/L)	酚类/(mg/L)	溶解性总固体/(mg/L)	pH值	CN^-/(mg/L)
碎屑岩类裂隙水	1#	<0.001	<0.005	0.002	189	0.07	<0.002	325.08	8.15	<0.01
	2#	<0.001	<0.005	<0.001	308.5	0.13	<0.002	531.92	7.95	<0.01
	3#	<0.001	<0.005	0.004	277	0.54	<0.002	399.52	7.8	<0.01
	4#	<0.001	<0.005	0.006	340	0.2	<0.002	478.64	7.7	<0.01
	5#	<0.001	<0.005	0.005	188.5	<0.04	<0.002	412.45	8	<0.01
	6#	<0.001	<0.005	0.006	516	0.17	<0.002	780.85	7.9	<0.01
	7#	<0.001	0.041	0.005	661	0.34	<0.002	955.47	7.8	<0.01
	8#	<0.001	0.008	<0.001	1 013.5	0.94	<0.002	1 443.82	7.3	<0.01
	9#	<0.001	<0.005	<0.001	591.5	0.27	<0.002	970.65	7.85	<0.01
第四系松散岩类孔隙水	10#	<0.001	0.027	<0.001	617	0.74	<0.002	1 264.59	7.6	<0.01
	11#	<0.001	<0.005	0.018	289.5	0.2	<0.002	426.25	7.7	<0.01
	12#	<0.001	<0.005	0.008	447	0.81	<0.002	682.24	7.8	<0.01
	13#	<0.001	<0.005	0.006	226.5	<0.04	<0.002	404.59	7.6	<0.01
	14#	<0.001	<0.005	<0.001	308.5	0.4	<0.002	503.51	8.1	<0.01

5.2 地下水环境质量现状评价

5.2.1 评价标准

本次地下水环境质量现状评价选择 pH、总硬度、氨氮、溶解性总固体、高锰酸盐指数、硫酸盐、硝酸盐、亚硝酸盐、氟化物、氯化物、氰化物、锌、铅、镉、镍、铬、挥发酚 17 项因子进行评价。评价标准按照《地下水质量标准》(GB/T 14848—2017)中的Ⅲ类标准进行评价。具体标准见表 5-5。

表 5-5 地下水质量评价标准

序号	评价因子	单位	GB/T 14848—2017 Ⅲ类标准值
1	pH	未检出	6.5~8.5
2	氨氮	mg/L	≤0.2
3	总硬度	mg/L	≤450
4	氟化物	mg/L	≤1.0
5	硫酸盐	mg/L	≤250
6	硝酸盐(以 N 计)	mg/L	≤20
7	氯化物	mg/L	≤250
8	挥发酚	mg/L	≤0.002
9	氰化物	mg/L	≤0.05
10	镉	mg/L	≤0.01
11	溶解性总固体	mg/L	≤1 000
12	高锰酸盐指数	mg/L	≤3.0
13	铬(六价)	mg/L	≤0.05
14	亚硝酸盐(以 N 计)	mg/L	≤0.02
15	铅	mg/L	≤0.05
16	锌	mg/L	≤1.0
17	镍	mg/L	≤0.05

5.2.2　评价方法

采用单因子标准指数法对各污染物进行评价：

$$S_i = C_i / C_{i,s}$$

式中：S_i 为第 i 种污染物的标准指数；C_i 为第 i 种污染物的实测值，mg/L；$C_{i,s}$ 为第 i 种污染物的标准值，mg/L。

pH 标准指数计算公式为：

$$S_{pH} = 7.0 - pH / 7.0 - pH_{sd} \qquad pH \leqslant 7.0$$

$$S_{pH} = pH - 7.0 / pH_{su} - 7.0 \qquad pH > 7.0$$

式中：pH 为实测值；pH_{sd} 为 pH 标准的下限值；pH_{su} 为 pH 标准的上限值。

水质参数的标准指数大于 1 时，表明该水质参数超过了规定的水质标准，已经不能满足使用要求。

5.2.3　评价结果

5.2.3.1　碎屑岩类裂隙水水质评价结果

由表 5-3 可知，评价区内碎屑岩类裂隙水以 HCO_3-Ca·Mg(Na)、HCO_3·SO_4·-Ca·Na·Mg 型水为主。

由于碎屑岩类裂隙水位于丘陵山区，地下水埋深较深，补给源主要来自西部山区侧向径流补给，故水质较好，本次监测因子均符合《地下水质量标准》(GB/T 14848—2017) Ⅲ类标准。

5.2.3.2　第四系松散岩类孔隙水水质评价结果

第四系松散岩类孔隙水埋深较浅，地下水化学交替作用明显，水化学类型较复杂，以 HCO_3-Ca·Mg(Na)、HCO_3·SO_4-Ca·Mg(Na) 为主，个别为 Cl·HCO_3-Ca·Mg。

调查评价区地下水环境质量现状评价超标因子见表 5-6，地下水样环境质量现状评价结果统计见表 5-7。

表 5-6　调查评价区地下水环境质量现状评价超标因子一览表

监测层位	点号	位置	超标因子
松散岩类 孔隙水	6#	全义农场农用井	总硬度
	7#	店上村饮用水水井	NO_3^-、总硬度
	8#	农田灌溉井	硫酸盐、溶解性总固体、NO_2^-、总硬度
	9#	金山化工用水井	硫酸盐、总硬度
	10#	张厚村灌溉井	硫酸盐、溶解性总固体、NO_3^-、NO_2^-、总硬度
	12#	顺涧村饮水井西井	NO_3^-、NO_2^-

表5-7　调查评价区地下水样环境质量现状评价结果统计

监测层位	监测点编号	标准指数																
		NH_4^+	Cl^-	SO_4^{2-}	NO_3^-（以N计）	NO_2^-（以N计）	F^-	Zn	Cu	Pb	Cd	Ni	Cr^{6+}	总硬度	COD_{Mn}	挥发酚	溶解性总固体	pH值
碎屑类	1#	—	0.07	0.16	0.15	0.67	0.54	0	—	—	—	—	0.04	0.42	0.02	—	0.33	0.77
	2#	—	0.14	0.64	0.14	0.12	0.84	0.21	—	—	—	—	—	0.69	0.04	—	0.53	0.63
盐类	3#	—	0.15	0.18	0.27	0.06	0.76	0.072	—	0.14	—	—	0.08	0.62	0.18	—	0.4	0.53
裂隙水	4#	—	0.15	0.35	0.53	0.18	0.5	0.031	—	—	—	—	0.12	0.76	0.07	—	0.48	0.47
	5#	—	0.12	0.25	0.12	0.12	0.7	0.008	—	—	—	—	0.1	0.42	—	—	0.41	0.67
	6#	—	0.41	0.49	1.19	0.12	0.4	0.008	—	—	—	—	0.12	*1.15*	0.06	—	0.78	0.6
	7#	—	0.96	0.45	*1.71*	0.49	0.5	0.006	—	—	—	0.82	0.1	*1.47*	0.11	—	0.96	0.53
	8#	—	0.77	*1.59*	0.31	*15.22*	0.12	0.012	—	0.2	—	0.16	—	*2.25*	0.31	—	*1.44*	0.2
第四系松散岩类孔隙水	9#	—	0.17	*1.57*	0.62	0.12	0.5	0.023	—	—	—	—	—	*1.31*	0.09	—	0.97	0.57
	10#	—	0.5	*1.62*	*1.43*	*42.64*	0.3	0.044	—	—	—	0.54	—	*1.37*	0.25	—	*1.26*	0.4
	11#	—	0.15	0.23	0.47	—	0.5	0.011	—	—	—	—	0.36	0.64	0.07	—	0.43	0.47
	12#	—	0.32	0.49	*1.46*	*4.26*	0.5	0.014	—	—	—	—	0.16	0.99	0.27	—	0.68	0.53
	13#	—	0.12	0.18	0.12	—	0.56	0.007	—	—	—	—	0.12	0.5	—	—	0.4	0.4
	14#	—	0.18	0.37	0.04	0.06	0.8	0.005	—	0.16	—	—	—	0.69	0.13	—	0.5	0.73

注：表中"—"表示该监测因子未检出。标准指数＝实际监测值/标准浓度。斜体表示该因子超标。

由表 5-7 可知超标因子为硫酸盐、溶解性总固体、NO_3^-、NO_2^-、总硬度。

硫酸盐:超标 3 组,占取样总数的 33%,超标倍数 1.57~1.62;

溶解性总固体:超标 2 组,占取样总数的 22%,超标倍数 1.26~1.44;

NO_3^-:超标 3 组,占取样总数的 33%,超标倍数 1.43~1.71;

NO_2^-:超标 3 组,占取样总数的 33%,超标倍数 4.26~42.64;

总硬度:超标 5 组,占取样总数的 33%,超标倍数 1.15~2.25。

硫酸盐、总硬度、溶解性总固体超标主要为原生地质环境所致。本项目地处黄河冲洪积河谷平原区,黄河水与地下水水力联系较为密切,且地下水含水层岩性多为砂卵石,与地下水的溶滤、交替作用较强,使含水层中易溶成分溶出,引起该地区硫酸盐、总硬度、溶解性总固体等因子含量相对较高。

NO_3^-、NO_2^- 超标多为人为原因引起。区内浅层地下水埋藏较浅,包气带岩性以粉土为主,且取样井位于村庄分布区,受人为影响易使地表污水下渗污染地下水。

5.3　土壤环境现状监测

5.3.1　监测点布置

依据《环境影响评价技术导则 地下水环境》(HJ 610—2016)的相关要求,环评单位于 2016 年 6 月 6 日在产业集聚区东片区内布设了 3 个土壤环境质量现状监测点,并委托测试公司进行了监测,对西片区没有布设监测点。

河南省地质矿产勘查开发局第二地质环境调查院在此基础上,于 2017 年 5 月 27 日在西片区新布设了 3 个土壤环境质量现状监测点,并委托测试公司对包气带土样进行分析检测。土壤监测点基本情况见表 5-8。

表 5-8　土壤现状监测布点情况一览表

监测位置	编号	取样深度/cm	取样位置	取样时间(年-月-日)
	TY1	0~20	西片区西侧	2017-05-27
西区	TY2	0~20	西片区东侧	2017-05-27
	TY3	0~20	西片区南侧	2017-05-27
	ST1	0~20	东片区西北侧	2016-06-06
东区	ST2	0~20	东片区北侧	2016-06-06
	ST3	0~20	东片区东南侧	2016-06-06

5.3.2　监测因子

监测因子以《土壤环境质量标准》(GB 15618—1995)的各项指标为基础,结合本地区的实际情况有所选择,包括 pH、铜、铅、锌、镉、汞、砷、镍、铬、阳离子交换量(其中铬、砷需同时监测阳离子交换量),共 10 项。

5.3.3　分析方法

本次 3 组土壤采样为剖面样品,每个剖面均按原状土表层 0~20 cm 进行采样。采样过程严格按照《土壤环境监测技术规范》(HJ/T 166—2004)要求进行。土壤样品分析方法参照《环境监测分析方法》、《土壤元素的近代分析方法》(中国环境监测总站编)的有关要求进行。分析方法见表 5-9。

表 5-9　土壤检测项目分析方法

序号	检测项目	方法标准	仪器设备
1	pH	《土壤检测 第 2 部分:土壤 pH 的测定》 (NY/T 1121.2—2006)玻璃电极法	酸度计
2	铜	《土壤质量 铜、锌的测定 火焰原子吸收分光光度法》 (GB/T 17138—1997)	原子吸收光谱仪
3	铅	《土壤质量 铅、镉的测定 石墨炉原子吸收分光光度法》 (GB/T 17141—1997)	原子吸收光谱仪
4	锌	《土壤质量 铜、锌的测定 火焰原子吸收分光光度法》 (GB/T 17138—1997)	原子吸收光谱仪
5	镉	《土壤质量 铅、镉的测定 石墨炉原子吸收分光光度法》 (GB/T 17141—1997)	原子吸收光谱仪
6	总汞	《土壤质量 总汞、总砷、总铅的测定 原子荧光法 第 1 部分:土壤中总汞的测定》 (GB/T 22105.1—2008)	原子荧光光谱仪
7	总砷	《土壤质量 总汞、总砷、总铅的测定 原子荧光法 第 2 部分:土壤中总砷的测定》 (GB/T 22105.2—2008)	原子荧光光谱仪
8	镍	《土壤质量 镍的测定 火焰原子吸收分光光度法》 (GB/T 17139—1997)	原子吸收光谱仪
9	总铬	《土壤 总铬的测定 火焰原子吸收分光光度法》 (HJ 491—2009)	原子吸收光谱仪
10	阳离子 交换量	《森林土壤阳离子交换量的测定》 (LY/T 1243—1999)	滴定管

5.3.4　检测结果

本次对 6 个土壤现状监测点进行评价,土壤监测项目检验结果见表 5-10。

表 5-10　土壤环境质量现状检验结果

监测位置	编号	pH（无量纲）	铜/（mg/kg）	铅/（mg/kg）	锌/（mg/kg）	镉/（mg/kg）	总汞/（mg/kg）	总砷/（mg/kg）	镍/（mg/kg）	总铬/（mg/kg）	阳离子交换量/（mg/kg）
西区	TY1	8.4	25.4	15.2	71.7	0.13	0.011	11.4	30.7	68.4	13.6
	TY2	8.3	22.7	14.9	65.4	0.14	0.008 5	10.2	26.1	59.6	11.2
	TY3	8.1	23.5	15	67.6	0.13	0.02	10.8	27	60.2	15.5
东区	ZT1	8.0	19.5	36.8	51.8	0.10	0.054	7.70	20.7	67.4	11.9
	ZT2	7.2	25.4	34.0	77.2	0.21	0.12	8.18	21.8	56.4	9.94
	ZT3	8.3	26.3	34.0	59.1	0.18	0.054	9.78	22.7	56.6	12.6

注：表中 TY1、TY2、TY3、ZT1、ZT2、ZT3 阳离子交换量数值<5 cmol（+）/kg，其重金属铬和砷标准值为表内标准值的一半。

5.4　土壤环境质量现状评价

5.4.1　评价标准

本次土壤环境质量现状评价选择 pH、铜、铅、锌、镉、汞、砷、镍、铬共 9 项因子进行评价，评价标准执行《土壤环境质量标准》（GB 15618—1995）中二级标准。具体标准要求见表 5-11。阳离子交换量没有具体标准，不进行评价，只作为背景值参考和留存。

表 5-11　土壤环境质量现状执行标准　　　单位:mg/kg,pH 值除外

监测因子	执行标准（GB 15618—1995 二级）		
pH	<6.5	6.5~7.5	>7.5
铜（农田）	50	100	100
锌	200	250	300
铅	250	300	350
镉	0.30	0.60	1.0
镍	40	50	60
铬	150	200	250
汞	0.30	0.50	1.0
砷（旱地）	40	30	25

5.4.2　评价方法

采用单因子标准指数法进行评价（石油类无土壤评价标准，仅留做背景值，不做评

价),公式如下:

$$P_i = \frac{C_i}{C_{oi}}$$ (5-1)

式中:P_i 为 i 类污染物单因子指数,无量纲;C_i 为 i 类污染物实测浓度值,mg/kg;C_{oi} 为 i 类污染物的评价标准值,mg/kg。

5.4.3 评价结果

土壤环境质量现状评价结果见表 5-12。

表 5-12 土壤环境质量现状评价结果

监测位置	编号	标准指数							
		铜	铅	锌	镉	总汞	总砷	镍	总铬
西区	TY1	0.25	0.04	0.24	0.13	0.01	0.46	0.51	0.27
	TY2	0.23	0.04	0.22	0.14	0.01	0.41	0.44	0.24
	TY3	0.24	0.04	0.23	0.13	0.02	0.43	0.45	0.24
东区	ZT1	0.20	0.11	0.17	0.1	0.05	0.31	0.35	0.27
	ZT2	0.25	0.10	0.26	0.21	0.12	0.33	0.36	0.23
	ZT3	0.26	0.10	0.20	0.18	0.05	0.39	0.38	0.23

注:标准指数=实际监测值/标准浓度。

由表 5-12 可知,集聚区东区、西区土壤中的铜、铅、锌、镉、汞、砷、镍、铬等指标均低于《土壤环境质量标准》(GB 15618—1995)二级标准,单因子标准指数均小于 1,没有超标现象,说明区内土壤环境质量状况良好。

本次工作也对区内阳离子交换量进行了监测,由于没有具体标准,本次不进行评价,只作为背景值参考和留存,即西区阳离子交换量有检出,含量水平在 11.2~15.5 mg/kg;东区阳离子交换量有检出,含量水平在 9.94~12.6 mg/kg。

6 地下水污染模拟预测

孟州市产业集聚区由东、西两个片区组成,由于两片区所处地形地貌、地下水水文地质条件差异较大,故本次地下水污染模拟预测分东、西两个区域进行。

6.1 平原区地下水污染模拟预测

6.1.1 预测方法与简介

由于地下水系统常常十分复杂,多为非均质、各向异性的空间水流系统。要直接研究或预测地下水系统中的水流、水质的时空分布与变化极其困难。因此,地下水工作者常常用模型方法进行研究或预测。在充分掌握被研究实体资料的基础上,通过科学概化,合理简化,建立概念模型。对该概念模型用不同方式进行描述或表达,并能反映其基本规律的"研究或实验"替代体,称为模型。如用数学语言能描述该系统概念模型,则谓之数学模型;若用物理相似建立的模型称为物理模型。人们可以通过研究或预测不同激励条件下模型的响应以达到预测被研究实体时空状态的目的。

在电子计算机科学高速发展的今天,地下水工作者常用数学模型的方法来研究地下水水流和溶质在含水介质中的运动规律。如假定被研究实体-地下水系统是一非均质各向异性且为层流的非稳定水流系统,则依据被研究或预测实体-地下水系统的概念模型可抽象出反映水流运动规律的一般数学表达式及确定定解条件的初始条件和边界条件表达式方程。应用数值方法,如有限差分或有限单元可有效地求解有关偏微分方程组。通过研究或预测数学模型在不同外力作用下的变化,便可模拟出被研究实体-地下水系统在抽(排)水或注(压)水作用下,各点的水位、水质的定量变化情况。在地下水分布参数模型(数值法)的实际应用中,除要首先确定被研究或预测的地下水流系统范围、边界条件、初始条件、参数分区及初值、源汇项之外,还应用验后预测的方法对模型进行校正、识别,以确定该数学模型的科学性、可靠性,并能真正反映或刻画被研究地下水系统的变化规律,从而可利用模型的研究达到研究或预测有关地下水系统在不同外部激励作用下水流或溶质变化的目的。

地下水溶质运移数值模拟应在地下水流场模拟基础上进行。因此,地下水溶质运移数学模型应包括地下水流模型和溶质运移模型两部分。

6.1.1.1 地下水流模型

三维、非均质、各向异性的层流、非稳定潜水模型为:

$$\begin{cases} \dfrac{\partial}{\partial x}\left(K_x\dfrac{\partial h}{\partial x}\right) + \dfrac{\partial}{\partial y}\left(K_y\dfrac{\partial h}{\partial y}\right) + \dfrac{\partial h}{\partial z}\left(K_z\dfrac{\partial h}{\partial z}\right) + \varepsilon = \mu\dfrac{\partial h}{\partial t} & x,y,z \in \Omega \\ h(x,y,z) = h_0 & x,y,z \in \Omega \\ h(x,y,z)\big|_{\Gamma_1} = \varphi(x,y,z) & x,y,z \in \Gamma_1 \\ K_n\dfrac{\partial h}{\partial \overline{n}}\big|_{\Gamma_2} = q(x,y,z) & x,y,z \in \Gamma_2 \end{cases}$$

式中：Ω 为渗流区域；x、y、z 为笛卡儿坐标，m；h 为含水体的水位标高，m；t 为时间，d；K_x、K_y、K_z 分别为 x、y、z 方向的渗透系数，m/d；K_n 为边界面法向方向的渗透系数，m/d；μ 为重力给水度；ε 为源汇项，1/d；h_0 为初始水位，m；Γ_1 为一类边界；Γ_2 为二类边界；$\overline{n}$ 为边界面的法线方向；$\varphi(x,y,z)$ 为一类边界水头，m；$q(x,y,z)$ 为二类边界的单宽流量，$\mathrm{m^3/(d \cdot m)}$，流入为正，流出为负，隔水边界为零。

6.1.1.2 溶质运移模型

不考虑污染物在含水层中的吸附、交换、挥发、生物化学反应，地下水中溶质运移的数学模型可表示为：

$$n_e\frac{\partial C}{\partial t} = \frac{\partial}{\partial x_i}\left(n_e D_{ij}\frac{\partial C}{\partial x_j}\right) - \frac{\partial}{\partial x_i}(n_e C V_i) \pm C'W$$

$$D_{ij} = \alpha_{ijmn} = \frac{V_m V_n}{|V|}$$

式中：α_{ijmn} 为含水层的弥散度；V_m、V_n 分别为 m 和 n 方向上的速度分量；$|V|$ 为速度模；C 为模拟污染质的浓度，mg/L；n_e 为有效孔隙度；t 为时间，d；C' 为模拟污染质的源汇浓度，mg/L；W 为源汇单位面积上的通量；V_i 为渗流速度，m/d。

以上模型的选择基于以下理由：①有机污染物在地下水中的运移非常复杂，影响因素除对流、弥散作用以外，还存在物理、化学、微生物等作用，这些作用常常会使污染物总量减少，运移扩散速度减慢。目前，国际上对这些作用参数的准确获取还存在困难。②假设污染物质在运移中不与含水层介质发生反应，可以被认为是保守型污染物质。保守型污染物质的运移只考虑对流、弥散作用。在国际上有很多用保守型污染物质作为模拟因子进行环境质量评价的成功实例。③保守型考虑符合环境影响评价风险最大的原则。

联合求解水流方程和溶质运移方程就可得到污染物质的空间分布。

6.1.1.3 应用软件

对于上述数学控制方程的求解，采用地下水模拟软件 Visual MODFLOW 4.1 进行计算。

Visual MODFLOW 4.1 是目前国际上先进的综合性的地下水模拟软件包，是由 MODFLOW、MODPATH、MT3D、FEMWATER、PEST、MAP 等模块组成的可视化三维地下水模拟软件包；可进行水流模拟、溶质运移模拟、反应运移模拟；建立三维地层实体，从而可以综合考虑到各种复杂水文地质条件，给模拟者带来极大的方便，同时有效提高了模拟的仿真度。Visual MODFLOW 4.1 在美国和世界其他国家得到了广泛应用。

Visual MODFLOW 4.1 系统中所包含的 MODFLOW 模块可构建三维有限差分地下水

流模型,是由美国地质调查局(USGS)于1980年开发出的一套专门用于模拟孔隙介质中地下水流动的工具。自问世以来,MODFLOW已经在学术研究、环境保护、水资源利用等相关领域内得到了广泛的应用。

6.1.1.4 水流数值模型的建立

1.水文地质概念模型

水文地质概念模型是把含水层实际的边界性质、内部结构、渗透性质、水力特征和补给排泄等条件进行概化,便于进行数学与物理模拟。水文地质概念模型是对地下水系统的科学概化,是为了适应数学模型的要求而对复杂实际系统的一种近似处理,是地下水系统模拟的基础。它把研究对象作为一个有机的整体,综合各种信息,集多学科的研究成果,以地质为基础,根据系统工程技术的要求概化而成。水文地质概念模型的核心要素是边界条件、内部结构和地下水流态,通过对研究区的岩性构造、水动力场、水化学场的分析,可以确定概念模型的要素。

1)模型区范围确定

模拟区范围确定如下:北部以石庄—袁乞套—杨洼—车村—大宋庄一带的丘陵区为弱透水边界;南部以黄河为自然边界;西侧以煤窑沟冲沟为界;东侧到南庄—陈湾一带,包括孟州市水源地地下水井群,总调查范围约150.0 km²。

2)边界条件

(1)水平边界。

西边界、西北边界为补给边界;北边界垂直等水位线,为零通量边界;东边界为排泄边界;南边界为河流边界。

(2)垂直边界。

模拟区垂向地下水补给包括大气降水入渗补给、灌溉回渗补给及河流渗漏补给;地下水排泄为人工开采。

3)含水层结构特征

模拟区浅层含水岩组主要为砂砾石和卵砾石,因此可概化为统一的潜水含水岩组。

根据模拟区浅层含水组岩性特征和水文地质参数的不同,可分为两个主要径流区。

黄河漫滩和 I 级阶地径流区:含水组底板标高50~70 m,厚度50~60 m,含水组由上更新统卵砾石层和中更新统砂卵砾石组成,中更新统顶部局部可见一层厚3~5 m的粉土、粉砂弱透水层,因在水平方向上连续性很差,使上更新和中更新含水岩组水力联系密切,并具有相同的动态特征;渗透系数在西部变化较大,东部则较稳定。

Ⅱ级阶地强径流区:含水组底板标高80~100 m,总厚度小于40 m,含水组由中更新统砂卵砾石组成,渗透系数由西向东总体呈变小的趋势。

4)水文地质参数

参与地下水均衡及模型计算的水文地质参数主要有重力给水度(μ)、含水层渗透系数(K)、地下水蒸发强度(ε)、降雨入渗系数(α)、灌溉回渗系数(β)等,本次模型水文地质参数参考《河南省洛阳市吉利—白鹤地区供水水文地质初步勘察报告》中给出的数据,并综合抽水试验、渗水试验、室内渗透试验等给定初始值,通过模型模拟调试,最终获得模拟所需的水文地质参数。

综上所述,模拟区地下水系统的概念模型可概化成非均质各向同性、空间三维结构、非稳定流的潜水地下水系统。

2. 模型识别与参数确定

1) 模拟流场及初始条件

以 2016 年 9 月地下水流场作为初始流场,以 2017 年 5 月统测的地下水流场作为模拟流场。

2) 模拟区剖分

模拟区网格剖分单元格 50 m×50 m,网格剖分图见图 6-1、图 6-2。

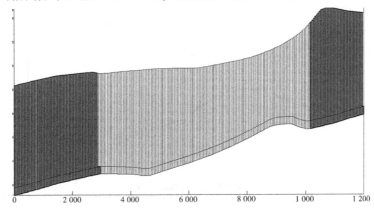

图 6-1　模拟区 A—A′剖面垂向剖分图

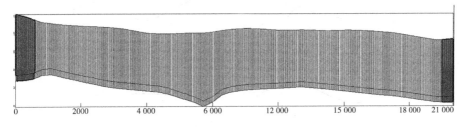

图 6-2　模拟区 B—B′剖面垂向剖分图

3) 模型识别与参数确定

(1) 模型识别。

模型的识别与验证是整个模拟中极为重要的一步工作,通常要反复地调整参数和调整某些源汇项才能达到较为理想的拟合结果。本次模型识别与验证过程采用试估-校正法,属于反求参数的间接方法之一。

运行计算程序,可得到在给定水文地质参数和各均衡项条件下的模拟区地下水流场,通过拟合丰水期的统测流场,识别水文地质参数和其他均衡项,使建立的模型更加符合模拟区的水文地质条件。

模型的识别与验证主要遵循以下原则:①模拟的地下水流场要与实际地下水流场基本一致;②从均衡的角度出发,模拟的地下水均衡变化与实际要基本相符;③模拟的水位动态与统测的水位动态要一致;④识别的水文地质条件要符合实际水文地质条件。根据以上四个原则,对模拟区地下水系统进行了识别和验证。通过反复调整参数和均衡量,识别水文地质条件,确定了模型结构、参数和均衡要素。

模拟时期为 2016 年 9 月至 2017 年 5 月,每个时间段内包括若干时间步长,时间步长为模型自动控制,严格控制每次迭代的误差。

(2)参数确定。

本次模型含水层水文地质参数渗透系数分区见图 6-3,降水入渗系数分区见图 6-4,模型最终识别的水文地质参数见表 6-1,其他参数见表 6-2。

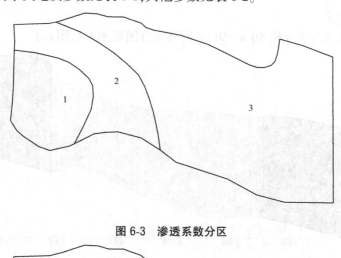

图 6-3 渗透系数分区

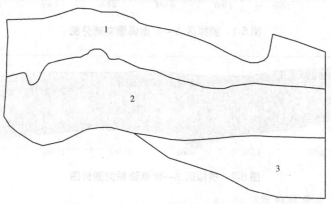

图 6-4 降水入渗系数分区

表 6-1 水文地质参数一览表

编号	水平渗透系数/(m/d)		给水度	
	1 层	2 层	1 层	2 层
1	40	0.086 4	0.20	—
2	30	0.086 4	0.15	—
3	20	0.086 4	0.10	

表6-2 其他参数一览表

编号	降水入渗系数	灌溉回渗系数
1	0.12	0.05
2	0.23	0.16
3	0.2	0.12

6.1.1.5 预测模型的建立

1. 地下水水流的预测

地下水水流的预测模型所运用的参数是通过模型识别确定的。预测模型的补给量或排泄量采用现状年的资料。模型中的降水入渗量、灌溉回渗量也是采用现状年的资料。预测模型进行了100 d、1 000 d、10年、20年和30年五个时间段的地下水水流预测。

2. 污染物迁移的预测

1）正常工况

正常工况下,集聚区内各项目都应开展环境影响评价工作,各项目建设均按照《危险废物贮存污染控制标准》(GB 18597—2001)、《一般工业固体废物贮存、处置场污染控制标准》(GB 18599—2001)等相关规范的要求进行防渗处理,各生产环节按照设计参数运行,地下水可能的污染来源为各管线、储槽、污水池等跑冒漏滴。正常工况下,污水不会渗漏进入地下造成污染。因此,正常工况下不应有废污水渗漏至地下水的情景发生。因此,本次模拟预测情景主要针对非正常工况进行设定。

2）非正常工况

非正常工况主要指装置区或罐区硬化面出现破损等情况。

(1)泄漏点设定。

孟州市产业集聚区以设备制造、生物化工、皮毛加工及制品生产为主导,根据集聚区的实际情况分析,如果是装置区或罐区等可视场所发生硬化面破损,即使有物料或污水等泄漏,按目前集聚区各企业的管理规范及相关行业标准,必须及时采取措施,不可能任由物料或污水漫流渗漏,对于泄漏初期短时间物料暴露而污染的少量土壤,则会尽快通过挖出进行处置,不会任其渗入地下水。因此,只在储罐、污水处理池等这些半地下非可视部位发生小面积渗漏时,才可能有少量污染物通过漏点,逐步渗入土壤并可能进入地下水。

综合考虑孟州市产业集聚区产业布局、各项目的工艺流程、装置设施、废水种类和排放情况、集聚区的水文地质条件以及集聚区周边地下水的敏感程度等,本次评价非正常工况泄漏点设定为:

①工业废水——以河南省豫农科技产业园废水池调节池池底渗漏为代表。

②生活污水——以孟州市第二污水处理厂废水调节池池底渗漏为代表。

(2)非正常工况无防渗源强设定。

针对非正常状况无防渗预测情景的设定,各泄漏点污染预测源强计算如下:

①河南省豫农科技产业园废水池。

废水量为COD浓度500 mg/L。

假定废水池池底出现长 10 m、宽 2 cm 的裂缝,池底天然基础层渗透系数取值 0.035 m/d,渗漏量约为 10×0.02×0.035×1 000 = 7.0(kg/d)。

根据废水中主要污染物监测指标,选取 COD 预测因子,浓度为 500 mg/L。

②孟州市第二污水处理厂废水调节池。

COD 浓度为 360 mg/L,氨氮浓度为 30 mg/L。

假定废水调节池底出现长 10 m、宽 2 cm 的裂缝,池底天然基础层渗透系数取值 0.035 m/d,渗漏量约为 10×0.02×0.035×1 000 = 7.0(kg/d)。

根据废水中主要污染物监测指标,选取 COD、氨氮为预测因子,浓度分别取 360 mg/L、30 mg/L。

(3)非正常工况有防渗源强设定。

有防渗措施的情况下,三效蒸发处理设施的废水池、废水处理站的高浓度废水调节池及氯化铵收集池(氨水池)采用的材料为钢筋混凝土,防渗级别为 S_8,其垂向渗透系数为 $2.11×10^{-9}$ cm/s,在此基础上,各泄漏点污染预测源强计算如下:

①河南省豫农科技产业园废水池。

废水量为 COD 浓度 500 mg/L。

假定废水池池底出现长 10 m、宽 2 cm 的裂缝,池底天然基础层渗透系数取值 $1.82×10^{-6}$ m/d,渗漏量约为 $10×0.02×1.82×10^{-6}×1 000 = 3.64×10^{-4}$(kg/d)。

根据废水中主要污染物监测指标,选取 COD 预测因子,浓度为 500 mg/L。

②孟州市第二污水处理厂废水调节池。

COD 浓度为 360 mg/L,氨氮浓度为 30 mg/L。

假定高浓度废水调节池底出现长 10 m、宽 2 cm 的裂缝,池底天然基础层渗透系数取值 $1.82×10^{-6}$ m/d,渗漏量约为 $10×0.02×1.82×10^{-6}×1 000 = 3.64×10^{-4}$(kg/d)。

根据废水中主要污染物监测指标,选取 COD、氨氮为预测因子,浓度分别取 360 mg/L、30 mg/L。

因此,非正常工况下,通过储罐等半地下非可视部位发生小面积渗漏时,非正常工况无防渗和无防渗情景时预测源强见表 6-3。

6.1.2　场地地下水环境影响预测

非正常工况下地下水环境影响预测与评价采用数值法。预测结果图中,红色范围表示地下水污染物超标的浓度范围,标准限值参照《地下水质量标准》(GB/T 14848—2017),《地下水质量标准》(GB/T 14848—2017)中没有的参照《生活饮用水卫生标准》(GB 5749—2006),蓝色范围表示存在污染但污染不超标的浓度范围,限值为各检测指标的检出限。当预测结果小于检出限时,则视同对地下水环境几乎没有影响。各指标具体情况见表 6-4。

表6-3　非正常状况下污染预测源强

情景设定	渗漏点	特征污染物	渗漏量/(kg/d)	浓度/(mg/L)	类型
非正常 工况无防渗 跑冒滴漏	河南省豫农科技 产业园废水池	COD	7.0	500	连续
	孟州市第二污水 处理厂废水调节池	COD		360	
		氨氮		30	
非正常 工况有防渗 跑冒滴漏	河南省豫农科技 产业园废水池	COD	3.64×10^{-4}	500	
	废水处理站的高浓度 废水调节池	COD		360	
		氨氮		30	
		氨氮		0.47	

表6-4　拟采用污染物检出下限及其水质标准限值　　　　单位:mg/L

模拟预测因子	检出下限值	标准限值
COD	0.2	3
氨氮	0.016	0.2

　　以下根据设定的污染源位置和源强大小,对上述无防渗情景进行模拟预测,预测结果如下。

6.1.2.1　非正常工况无防渗措施情景预测

　　非正常工况无防渗措施情境下,河南省豫农科技产业园废水池、孟州市第二污水处理厂废水调节池均未检测到污染物。

6.1.2.2　非正常工况有防渗措施情景预测

　　非正常工况有防渗措施情境下,河南省豫农科技产业园废水池COD、孟州市第二污水处理厂废水调节池均未检测到污染物。

6.1.3　地下水污染预测评价

6.1.3.1　无防渗工况

1.河南省豫农科技产业园废水池

　　根据厂址区风险场地观测井COD浓度值(见图6-5),风险发生500 d内,观测井内COD浓度迅速上升,之后观测井COD浓度呈下降趋势,至模拟末期,污染物浓度为稳定至0.015 mg/L,其污染物浓度始终未达到检出值。

2.废水处理站的高浓度调节池

1)COD

　　根据厂址区风险场地观测井COD浓度值(见图6-6),风险发生400 d内,观测井内COD浓度迅速上升,之后观测井COD浓度呈下降趋势,至模拟末期,污染物浓度为稳定至0.02 mg/L,其污染物浓度始终未达到检出值。

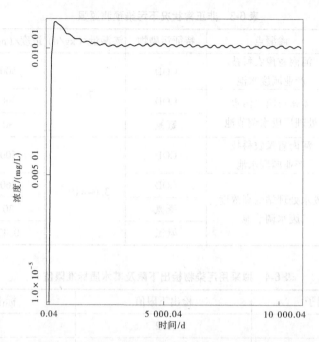

图 6-5　河南省豫农科技产业园废水池风险场地观测井 COD 浓度变化曲线(无防渗工况)

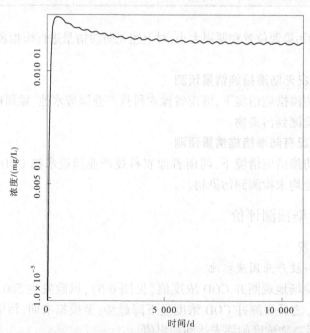

图 6-6　废水处理站的高浓度调节池风险场地观测井 COD 浓度变化曲线(无防渗工况)

2) 氨氮

根据厂址区风险场地观测井氨氮浓度值(见图 6-7),风险发生 400 d 内,观测井内氨氮浓度迅速上升,之后观测井氨氮浓度呈下降趋势,至模拟末期,污染物浓度为稳定至 0.000 95 mg/L,其污染物浓度始终未达到检出值。

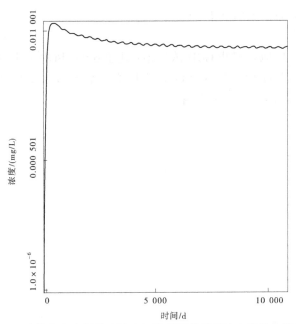

图6-7 废水处理站的高浓度调节池风险场地观测井氨氮浓度变化曲线(无防渗工况)

6.1.3.2 有防渗工况

1. 河南省豫农科技产业园废水池

根据厂址区风险场地观测井 COD 浓度值(见图 6-8),风险发生 500 d 内,观测井内 COD 浓度迅速上升,之后观测井 COD 浓度呈下降趋势,至模拟末期,污染物浓度为稳定至 5.5×10^{-7} mg/L,其污染物浓度始终未达到检出值。

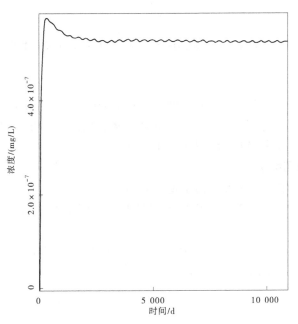

图6-8 河南省豫农科技产业园废水池风险场地观测井 COD 浓度变化曲线(有防渗工况)

2. 废水处理站的高浓度调节池

1）COD

根据厂址区风险场地观测井 COD 浓度值（见图 6-9），风险发生 400 d 内，观测井内 COD 浓度迅速上升，之后观测井 COD 浓度呈下降趋势，至模拟末期，污染物浓度为稳定至 5.9×10^{-7} mg/L，其污染物浓度始终未达到检出值。

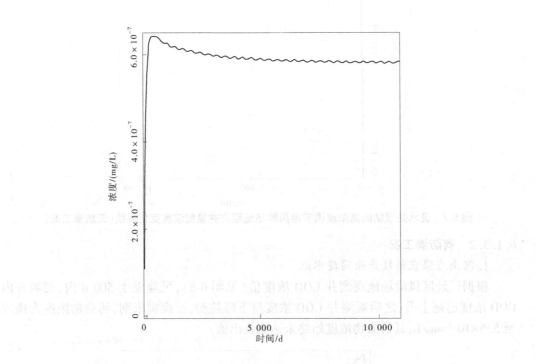

图 6-9　废水处理站的高浓度调节池风险场地观测井 COD 浓度变化曲线（有防渗工况）

2）氨氮

根据厂址区风险场地观测井氨氮浓度值（见图 6-10），风险发生 400 d 内，观测井内氨氮浓度迅速上升，之后观测井氨氮浓度呈下降趋势，至模拟末期，污染物浓度为稳定至 4.57×10^{-8} mg/L，其污染物浓度始终未达到检出值。

6.1.3.3　污染物预测结果

根据上述情景在非正常工况下污染物预测结果可知：

（1）在非正常工况无防渗、有防渗两种情景下，河南省豫农科技产业园废水池及污水处理站内污染物均未超过检出限。

（2）有防渗时污染物进入地下水的污染物总量较无防渗时小了几个数量级，说明采取防渗措施是防止地下水污染的有效途径。

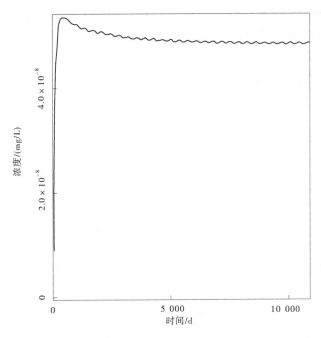

图 6-10　废水处理站的高浓度调节池风险场地观测井氨氮浓度变化曲线（有防渗工况）

6.2　丘陵区地下水污染模拟预测

6.2.1　预测方法简介

地下水环境影响预测方法包括数学模型法和类比预测法。其中,数学模型法包括数值法、解析法、均衡法、回归分析法、趋势外推法、时序分析法等方法。本次地下水评级等级为一级,依照导则要求,采用数值法进行预测。

由于地下水系统常常十分复杂,多为非均质、各向异性的空间水流系统。要直接研究或预测地下水系统中的水流、水质的时空分布与变化极其困难。因此,本书在充分掌握该地区水文地质资料的基础上,通过科学概括,合理简化,建立水文地质概念模型,进一步建立了地下水数学模型。

在电子计算机科学高速发展的今天,地下水工作者常用数学模型的方法来研究地下水水流和溶质在含水介质中的运动规律。如假定被研究实体-地下水系统是一非均质各向异性且为层流的非稳定水流系统,则依据被研究或预测实体-地下水系统的概念模型可抽象出反映水流运动规律的一般数学表达式及确定定解条件的初始条件和边界条件表达式方程。应用数值方法,如有限差分或有限单元可有效地求解有关偏微分方程组。通过研究或预测数学模型在不同外力作用下的变化,便可模拟出被研究实体-地下水系统在抽(排)水或注(压)水作用下,各点的水位、水质的定量变化情况。在地下水分布参数模型(数值法)的实际应用中,除要首先确定被研究或预测的地下水流系统范围、边界条件、初始条件、参数分区及初值、源汇项外,还应用验后预测的方法对模型进行校正、识别,以确定该数学模型的科学性、可靠性,并能真正反映或刻画被研究地下水系统的变化规律,从而可利用模型的研究达到研究或预测有关地下水系统,在不同外部激励作用下水流或溶质变化的目的。

6.2.2 地下水环境影响预测模型及参数

6.2.2.1 预测方法

1. 包气带水流模型

包气带水流运动的控制方程为一维垂向饱和-非饱和土壤水中水分运动方程(Richards 方程):

$$\frac{\partial \theta(h)}{\partial t} = \frac{\partial}{\partial z}\left[K(h)\left(\frac{\partial h}{\partial z} + 1\right)\right] - s \tag{6-1}$$

式中:$\theta(h)$ 为土壤体积含水率;h 为压力水头[L],饱和带大于零,非饱和带小于零;z、t 分别为垂直方向坐标变量[L]、时间变量[T];$K(h)$ 为垂直方向的水力传导度[LT^{-1}];s 为作物根系吸水率[T^{-1}]。

本次模拟采用无滞后效应的 Van Genuchten-Mualem 模型,式(6-1)中相关参数可用式(6-2)、式(6-3)进行求解。

$$\theta(h) = \begin{cases} \theta_r + \dfrac{\theta_s - \theta_r}{[1 + |\alpha h|^n]^m} & h < 0 \\ \theta_s & h \geq 0 \end{cases} \tag{6-2}$$

$$K(h) = K_s S_0^l \left[1 - (1 - S_0^{l/m})^m\right]^2 \tag{6-3}$$

其中:$m = 1 - 1/m_2, n > 1$。

式中:θ_r 为土壤残余含水量;θ_s 为土壤饱和含水量;α 为进气值[L^{-1}];m、n 为形状参数;K_s 为饱和水渗透系数[LT^{-1}];l 为有效孔隙度。

初始条件: $\qquad\qquad h(z,0) = h_0$

上部边界: $\qquad\qquad K(h)\left(\dfrac{\partial h}{\partial z} + 1\right) = q_s(0,t)$

下部边界: $\qquad\qquad \begin{cases} q(Z,t) = 0 & h(Z,t) < 0 \\ h_0(Z,t) = 0 & h(Z,t) \geq 0 \end{cases}$

式中:Z 为地表至下边界距离[L];q_s 为污水下渗通量[LT^{-1}];$h(Z,t)$ 为土壤压力水头[L]。

2. 土壤溶质运移模型

根据多孔介质溶质运移理论,考虑土壤吸收的饱和-非饱和土壤溶质运移的数学模型为:

控制方程

$$\frac{\partial(\theta_c)}{\partial t} + \frac{\partial(\rho s)}{\partial t} = \frac{\partial}{\partial z}\left(\theta D \frac{\partial c}{\partial z}\right) - \frac{\partial}{\partial z}(cq) - Asc \tag{6-4}$$

式中:c 为土壤水中污染物浓度[ML^{-3}];ρ 为土壤容重[ML^{-3}];s 为单位质量土壤溶质吸附

量$[MM^{-1}]$;D为土壤水动力弥散系数$[L^2T^{-1}]$;q为Z方向达西流速$[LT^{-1}]$;A为系数,一般取1。

初始条件: $\qquad c(z,0)=c_0(z) \qquad Z \leqslant z \leqslant 0$

上部边界: $\qquad -\theta D \dfrac{\partial c}{\partial z}=q_s(0,t)c_s$

下部边界: $\qquad c(Z,t)=c_b(t)$

式中:$c_0(z)$为剖面初始土层污染物浓度$[ML^{-3}]$;q_s为污水下渗水量$[LT^{-1}]$;c_s为污水中污染物浓度$[ML^{-3}]$;$c_b(t)$为下边界污染物浓度$[ML^{-3}]$。

6.2.2.2 模拟软件的选择

FEFLOW是目前世界上功能最齐全、最行之有效和可靠的模拟孔隙介质水流流动和溶质迁移过程的软件之一,可通过水流模拟、溶质运移模拟、反应运移模拟,建立三维地层实体,综合考虑各种复杂水文地质条件。FEFLOW的变饱和模拟模块可以很好地模拟包气带水流和溶质运移过程。

自问世以来,FEFLOW已经在学术研究、环境保护、水资源利用等相关领域得到了广泛的应用。对于上述数学控制方程的求解,本书采用较新版本地下水模拟软件FEFLOW 6进行计算和预测评价。

6.2.2.3 模型参数设定

根据西区的地质资料以及污染风险最大原则,厂区模拟设定的包气带厚度为50 m。厂址区地层可概化为三层:0~4.5 m为第四纪粉黄土状粉质黏土;4.5~16.8 m为粉质黏土,与上层较相似;16.8~50 m为古近系泥岩,成岩性较弱,致密,黏性较大,渗透系数较小。参考试验数据,上层粉黏土的渗透系数取值为9.02×10^{-6} cm/s,下层泥岩取值为3×10^{-6} cm/s。

由于本次选择模拟河南鑫磊树脂有限公司废水调节池污水处理池底泄漏对地下包气带的影响,池底距地表5 m。降雨入渗对地下深部的影响可以忽略。各参数除渗透系数使用渗水试验的实测值外,其他各参数均采用经验参数值。各主要参数值见表6-5。

表6-5 厂区包气带模型主要参数值

θ_r	θ_s	α/cm^{-1}	n	$k_s/(\text{cm/s})$	l	$\rho/(\text{g/cm}^3)$	D_L/cm^{-1}	D_T/cm^{-1}
0.068	0.38	0.075	1.09	5×10^{-6};3×10^{-6}	0.5	1.5	0.5	0.1

设模型长400 m、高50 m。污水处理池池底埋深5 m,本次按最大风险原则,设定池内水深为5 m。设定池底的相对水头值为5 m,池底宽为20 m。

模型采用GridBuilder法进行剖分,生成10 000个有限元,在污染物泄漏区附近进行加密剖分,然后在较小的范围内进行再次加密,以保证模拟的效果。经测量,泄漏点附近的节点间距不到0.1 m,完全达到模拟要求。模拟采用二维垂向变饱和溶质运移模型。

6.2.2.4 源强的设定

1. 运营期

正常工况下项目采用严格的防渗措施,项目防渗措施完整,物料或污水等洒落不会进入地下水环境。因此,正常工况下建设项目对地下水环境影响很小。事故工况下设定污水处理站污水池底部出现破损,导致污水通过裂口渗入地下。

2. 服务期满后

本厂服务期满后,生产结束,各生产及辅助装置逐步拆除,将不存在地下水污染源,不会对地下水产生进一步影响。

6.2.2.5　预测情景及源强

项目运营期主要的地下水污染源包括生活污水和工业废水,正常情况下不应有废水或其他物料暴露而发生泄漏至地下水的情景发生。因此,本次预测情景主要针对污水处理池在非正常工况下泄漏而设定。

通过对项目工艺的分析,根据污水中污染物的污染特性以及构筑物易污染性,选取污水处理池底出现裂缝导致废水持续泄漏为非正常工况情景,预测评价其对地下水的影响,预测因子选取 COD 和氨氮两项。本项目按污水处理池底破损面积 5%、持续泄漏 30 d 来预测,预测因子浓度:COD,140 mg/L;氨氮,5 mg/L。本次预测情景对应的源强见表 6-6。

表 6-6　污染物预测源强

情景设定	渗漏位置	特征污染物	破裂比例	渗漏量(浓度)	渗漏时间	层位
非正常工况	污水处理池	COD 氨氮	5%	COD:140 mg/L 氨氮:5 mg/L	持续渗漏 30 d	包气带

6.2.3　非正常工况情景预测

模拟结果表明,在泄漏持续的 100 d 内,污染物在包气带中向下运移,同时水平向外扩散,由于池底的水头压力大于相邻的四周,污染物在向下和水平向外运移的同时向上扩散。受到重力因素的影响,污染物向下运移的速度大于水平向外扩散的速度,污染羽总体呈似椭圆形向下部扩散。当泄漏停止后,污染羽向下和水平向外缓慢扩散,浓度持续下降。当泄漏停止 10 年后,污染物向外扩散更加缓慢。各种情景下污水处理池污染物污染羽前锋水平和垂直运移情况分析如下。

6.2.3.1　COD

泄漏持续 30 d 后,COD 污染羽前锋(浓度大于 3 mg/L)向下运移至距池底不足 0.5 m,水平向外扩散极微小,污染中心浓度 140 mg/L;泄漏停止 100 d 后,污染羽前锋扩散的速度较之泄漏停止前明显降低,向下运移仍不足 0.5 m,水平向外扩散不足 0.2 m,污染中心浓度降至 49.5 mg/L;泄漏停止 1 000 d 后,污染物向下运移至距池底约 1 m,水平向外扩累计 0.5 m,污染中心浓度 17.5 mg/L;泄漏停止 10 年后,污染羽前锋向下运移至距池底约 1.5 m,水平向外扩散和早期并无明显变化,污染中心浓度 9.4 mg/L;泄漏停止 20 年后,污染范围和泄漏停止 10 年后基本一致。因此,污水池泄漏停止后 20 年内,COD 超标范围向下运移至距池底不足 2 m,未渗透出包气带范围,水平向外仅扩散不足 1 m,超标范围未超出厂界,对厂区周边的水井等敏感点不构成威胁。COD 预测结果见表 6-7。

表 6-7 污染物预测结果(COD)

泄漏停止后时间	污染羽向下扩散距池底距离/m	污染羽水平扩散距池壁距离/m	污染中心浓度/(mg/L)
100 d	<0.5	<0.2	49.5
1 000 d	<1	<0.5	17.5
10 年	<1.5	<0.5	9.4
20 年	<2	<0.5	6.6

6.2.3.2 氨氮

氨氮在包气带中的运移情况与 COD 类似,在泄漏持续 30 d 后,氨氮污染羽前锋(浓度大于 0.2 mg/L)向下运移至距池底不足 0.5 m,水平向外扩散小于 0.5 m,污染中心浓度 5 mg/L;在泄漏停止后 100 d、1 000 d、10 年、20 年内,其污染羽分别向下运移至距池底均不超过 2 m,水平向外分别扩散至距池壁小于 0.5 m,污染中心浓度分别为 4.00 mg/L、1.33 mg/L、0.61 mg/L、0.43 mg/L。因此,截至污染泄漏停止 20 年后,氨氮超标范围垂向上未扩散出包气带,水平向上未超出厂界。

6.2.4 预测结果

本次评价主要对污水处理池非正常工况下持续泄漏 30 d 情景进行了模拟,模拟结果表明在此种情况下,污染物总体扩散距离非常小,污染物在包气带中呈似椭圆形向四周扩散,其中向下扩散范围大于水平向外扩散范围,泄漏停止后污染物扩散速度明显慢于持续泄漏时扩散速度,在泄漏停止后 10 年,污染物扩散范围基本稳定。泄漏停止后 20 年内,废水中的 COD 和氨氮污染物扩散范围向下未超出包气带厚度,水平方向上未扩散出厂界。

综上所述,厂区一旦发生以上设定的污染物泄漏情景,在泄漏停止后 20 年内不会对深层地下水和周边水井等敏感点产生影响。

6.3 地下水预测评价

平原区在非正常工况无防渗、有防渗两种情景下,河南省豫农科技产业园废水池及污水处理站内污染物均未超过检出限,且有防渗时污染物进入地下水的污染物总量较无防渗时小了几个数量级,说明采取防渗措施是防止地下水污染的有效途径。

丘陵区因地下水埋深较深,开展了 50 m 以浅包气带的预测,预测结果为:污水处理池非正常工况下持续泄漏 30 d,污染物总体扩散距离非常小,污染物在包气带中呈似椭圆形向四周扩散,其中向下扩散范围大于水平向外扩散范围,泄漏停止后污染物扩散速度明显慢于持续泄漏时扩散速度,在泄漏停止后 10 年,污染物扩散范围基本稳定。泄漏停止后 20 年内,废水中的 COD 和氨氮污染物扩散范围向下未超出包气带厚度,水平方向上未扩散出厂界,且在泄漏停止后 20 年内不会对深层地下水和周边水井等敏感点产生影响。

　　综上所述,在设定情景下,集聚区内的企业发生污染泄漏对周边农村安全饮用水井和水源地的影响轻微。

7　地下水污染监控与应急措施

孟州产业集聚区发展以交通运输装备制造和生物化工为主体,皮毛及其制品与智慧型物流产业协调发展,同时兼具商务办公和产业研发。各企业在生产过程中产生的废污水以企业工艺废水和生活污水为主,产生废污水的建(构)筑物较多,若不采取合理的防治措施和监控措施,则废污水有可能渗入包气带,从而影响土壤和地下水环境。针对集聚区内可能发生的地下水污染,本项目地下水污染防治措施将按照"源头控制、分区防治、污染监控、应急响应"相结合的原则,从污染物的产生、入渗、扩散、应急响应全方位进行控制。

7.1　源头控制措施

集聚区在建设发展的同时,应注重加强生态环境保护,建立严格的环境保护门槛,选择先进、成熟、可靠的工艺技术和清洁的原辅材料为主的生产项目,把工艺技术落后的项目拒之门外,尽可能从源头上控制污染物的产生。对入驻园区项目,应严格按照国家相关行业的标准、规范,对产生污水的生产工艺和产生环节实时监控,做好防护措施,并对产生的废物进行合理的回用和治理,尽可能从源头上减少污染物的排放。同时,集聚区相关部门应该优化排水系统设计,将不同类型的工艺废水、生活污水和雨水分类收集、处理,以防止和降低污染物的跑、冒、滴、漏,将污染物泄漏的环境风险事故从源头上降到最低程度。

7.2　地下水污染分区防治措施

据本次水文地质勘探成果西区场地包气带岩性为粉质黏土,并呈二元结构。上部为黄土状粉质黏土(马兰黄土),下部为粉质黏土(离石黄土),两层粉质黏土整个场地内均有分布,厚度普遍为23.4~32.7 m。据现场渗水试验资料,黄土状粉质黏土包气带垂向渗透系数在 $7.84×10^{-6}~9.86×10^{-6}$ cm/s,平均值 $9.02×10^{-6}$ cm/s,包气带防污性能为"中"。东区场地包气带岩性为粉土、粉质黏土,在场地均连续分布,厚度普遍为12.5~26.8 m。据现场渗水试验资料,上部粉土包气带垂向渗透系数在 $6.24×10^{-5}~7.30×10^{-5}$ cm/s,平均值 $6.73×10^{-5}$ cm/s,包气带防污性能为"中"。针对集聚区内不同类型的生产项目,要充分依据各项目场地包气带的天然防污性能、污染物控制难易程度和污染物特性,相关企业开展相应场地的地下水勘查工作,做好分区防渗措施,防止污染物下渗影响地下水。地下水污染防渗分区参照表7-1。

由于东区南北向跨越黄河Ⅱ级阶地和高漫滩两个地貌单元,高漫滩包气带岩性多为粉土、粉砂土,防污性能相对较弱,建议集聚区将产业结构合理布局,使产污量较大的企业避开高漫滩区,防止污水下渗污染地下水。

表 7-1　地下水污染防渗分区

防渗分区	天然包气带防污性能	污染控制难易程度	污染物类型	防渗技术要求
重点防渗区	弱	难	重金属、持久性有机物污染物	等效黏土防渗层 $M_b \geq 6.0$ m，$K \leq 1.55 \times 10^{-7}$ cm/s；或参照《危险废物填埋污染控制标准》（GB 18598）执行
	中-强	难		
	弱	易		
一般防渗区	弱	易-难	其他类型	等效黏土防渗层 $M_b \geq 1.5$ m，$K \leq 1.0 \times 10^{-7}$ cm/s；或参照《危险废物填埋污染控制标准》（GB 18598）执行
	中-强	难		
	中	易	重金属、持久性有机污染物	
单防渗区	强	易	其他类型	一般地面硬化
	中-强	易		

7.3　地下水污染监控系统

7.3.1　地下水监测计划

为了及时准确地掌握集聚区及其周边地区地下水环境质量状况的动态变化，应建立覆盖各集聚区的地下水长期监控系统，包括科学、合理地设置地下水污染监控井，建立完善的监测制度，配备先进的检测仪器和设备，以便及时发现并及时控制。

目前尚没有针对建设项目地下水环境监测的法律法规或规程规范，本项目地下水环境监测主要参考《地下水环境监测技术规范》（HJ/T 164—2004），结合研究区含水层系统和地下水径流系统特征，考虑潜在污染源、环境保护目标等因素，布置地下水监测点。

7.3.1.1　地下水监测原则

（1）重点污染防治区加密监测原则。

（2）以浅层地下水监测为主的原则。

（3）上、下游同步对比监测原则。

（4）水质监测项目参照《地下水质量标准》（GB/T 14848—2017）相关要求和潜在污染源特征污染因子确定，各监测井可依据监测目的的不同适当增加和减少监测项目。厂安全环保部门设立地下水动态监测小组，专人负责监测。

7.3.1.2　监测井布置

依据地下水监测原则，参照《地下水环境监测技术规范》（HJ/T 164—2004）的要求，结合调查区水文地质条件，在集聚区建设场地及周边共布设地下水水质监测井 13 眼，其中碎屑岩类裂隙水 5 眼，第四系松散岩类孔隙水 8 眼。地下水监测孔监测计划、孔深、监测层位、监测项目、监测频率等基本情况见表 7-2。同时，针对集聚区内不同类型的生产项目，根据其工艺的产污环节和污水构筑设施，各企业开展相应场地的地下水勘查工作，建立符合该生产项目的地下水监测点，以便长期监测地下水，避免地下水受企业生产污水的影响。

表 7-2　地下水监测计划一览表

序号	编号	与集聚区相对位置	井深/m	监测目标	监测频率	监测项目
1	4#	西片区地下水径流方向上游	100	碎屑岩类裂隙水	每季度一次	K^+、Na^+、Ca^{2+}、Mg^{2+}、CO_3^{2-}、HCO_3^-、Cl^-、SO_4^{2-}、pH、氨氮、硝酸盐、亚硝酸盐、挥发性酚类、氧化物、铬(六价)、总硬度、铝、氟、镍、铜、镉、锌、溶解性总固体、高锰酸盐指数、总硬度
2	3#	西片区地下水径流方向下游	80			
3	5#	西片区内(南洼村安全饮水井)	130			
4	1#	西片区地下水径流方向东侧	80			
5	2#	西片区地下水径流方向西侧	100			
6	11#	东片区地下水径流方向上游	60			
7	12#	东片区地下水径流方向北侧	80	第四系松散岩类孔隙水		
8	7#	东片区内(店上村安全饮水井)	80			
9	13#	东片区内(西魏镇安全饮水井)	200			
10	9#	东片区内(金山化工厂井)	60			
11	10#	东片区地下水径流方向北侧	60			
12	8#	东片区地下水径流方向南侧	80			
13	6#	东片区地下水径流方向南侧	60			

7.3.2　监测数据管理

　　上述监测结果应按项目有关规定及时建立档案,并定期向集聚区环保部门汇报,对于常规监测数据应该进行公开,特别是对项目所在区域的居民进行公开,满足法律中关于知情权的要求。如发现异常或发生事故,应加密监测频次,改为每天监测一次,并分析污染原因,确定泄漏污染源,及时采取应急措施。

7.4　地下水污染应急措施

7.4.1　应急治理程序

　　针对应急工作需要,参照"场地环境保护标准体系"的相关技术导则,结合地下水污染治理的技术特点,制定地下水污染应急治理程序,见图7-1。

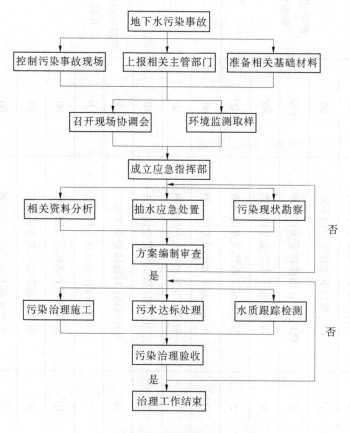

图 7-1　地下水污染应急治理程序

7.4.2 地下水污染治理措施

地下水污染治理技术归纳起来主要有物理处理法、水动力控制法、抽出处理法、原位处理法等。

7.4.2.1 建议治理措施

集聚区规划区浅层地下水含水层岩性以孔隙粉质黏土为主,其富水性及导水性能相对较差,当发生污染事故时,污染物的运移速度相对较慢,污染范围可能较小,因此建议采取如下污染治理措施:

(1)一旦发生地下水污染事故,应立即启动应急预案。

(2)查明并切断污染源。

(3)探明地下水污染深度、范围和污染程度。

(4)依据探明的地下水污染情况和污染场地的岩性特征,合理布置抽水井的深度及间距,并进行试抽工作。

(5)依据抽水设计方案进行施工,抽取被污染的地下水体,并依据各井孔出水情况进行调整。

(6)将抽取的地下水进行集中收集处理,并送实验室进行化验分析。

(7)当地下水中的特征污染物浓度满足地下水功能区划的标准后,逐步停止井点抽水,并进行土壤修复治理工作。

7.4.2.2 应注意的问题

地下水污染的治理相对于地表水来说更加复杂,在进行具体的治理时,还需要考虑以下因素:

(1)在具体的地下水污染治理中,往往要多种技术结合使用。一般在治理初期,先使用物理法或水动力控制法将污染区封闭,然后尽量收集纯污染物如油类等,最后使用抽出处理法或原位处理法进行治理。

(2)因为污染区域的水文地质条件和地球化学特性都会影响到地下水污染的治理,因此地下水污染的治理通常要以水文地质工作为前提。

(3)受污染地下水的修复往往还包括土壤的修复。地下水和土壤是相互作用的,如果只治理了受污染的地下水而不治理土壤,由于雨水的淋滤或地下水位的波动,污染物会再次进入地下水体,形成交叉污染,使地下水的治理前功尽弃。

(4)在地下水污染治理过程中,地表水的截流也是一个需要考虑的问题,要防止地表水补给地下水,以免加大治理工作量。

8　结论与建议

8.1　结　论

8.1.1　地下水评价等级

孟州市产业集聚区以装备制造、生物化工、皮革及其制品制造为主导产业,地下水环境影响评价项目类别为Ⅰ类;现状条件下,集聚区内分布有农村安全饮用水水井,地下水敏感程度为"较敏感",综合判定集聚区地下水环境影响评价工作等级为"一级"。

8.1.2　地下水保护目标

保护目标为集聚区及周边地下水松散岩类孔隙水含水层和碎屑岩类裂隙水含水层,吉利区地下水饮用水水源保护区和孟州市水源地保护区,以及区内西窑村、东窑村、路家庄、落驾头、张厚村、戍楼村等村共计49眼安全饮用水水井。

8.1.3　区域水文地质特征

调查评价区北部为丘陵起伏、沟壑纵横的低丘陵地,大部分为黄土覆盖。中部为黄河Ⅱ级阶地平原,属侵蚀冲积阶地,地形北高南低,西北偏高,向东南逐渐降低。南部为黄河河漫滩和Ⅰ级阶地,西北较窄,东南较宽。区域内地层主要为第四系松散层,前第四系出露较少,仅在北部丘陵区出露侏罗系及古近系。

依据含水层介质类型,地下水埋藏条件、赋存规律和水动力特征,区内含水层组可划分为松散岩类孔隙含水层组和碎屑岩类孔隙裂隙水含水层组两类。

松散岩类孔隙含水层组广泛分布于平原区,含水层介质主要为第四系中、上更新统冲洪积、冲积卵砾石、砂层,各层之间水力联系密切,具有统一的自由水面。下伏古近系地层构成相对隔水底板。区内西部含水层组底板埋藏较浅,一般20~50 m,下伏古近系黏土岩与粉细砂岩互层;东部含水层组底板埋藏相对较深,一般50~70 m,下伏古近系黏土粉质黏土与黏土岩互层。

碎屑岩类孔隙裂隙水含水层组分布在厂区北侧的丘陵区,岩性主要为古近系粉细砂岩,地下水赋存于砂岩孔隙裂隙之中,富水性不均,单井涌水量小于10 m^3/d,为富水性差的贫水区,仅可供当地居民部分生活用水。

评价区平原区地下水的补给来源主要有降雨入渗、河流侧渗、灌溉回渗、河渠入渗及邻区地下水径流补给等。排泄途径主要有河流排泄、蒸发排泄、开采排泄和鱼塘消耗等。丘陵区地下水受地形地貌影响,地下水在雨季接受降雨入渗后,顺地势径流,除部分通过构造裂隙进入地下水循环外,大部分以季节性泉水的形式排泄,具有循环深度浅、径流途径短、赋存条件差的特点。主要排泄方式为人工开采和径流排泄。

从地层岩性、地质构造以及各含水岩组的补径排条件分析,区内各含水岩组之间水力联系不密切。

8.1.4 项目场地水文地质特征

(1)西区。

西片区勘探深度范围内的地层主要由层①黄土状粉土、层②黄土状粉质黏土(Q_3^{al+pl})、层③粉质黏土(Q_2^{al+pl})和层④泥岩、粉砂岩(E)构成。其中,层①黄土状粉土、层②黄土状粉质黏土(Q_3^{al+pl})、层③粉质黏土(Q_2^{al+pl})和部分层④泥岩构成包气带,层④间的粉砂岩为主要的含水层,地下水类型为碎屑岩类裂隙水,具有承压性。层④粉砂岩在西区内稳定分布,在石庄村一带零星出露,其他区域均埋藏于第四系粉土、粉质黏土之下,可见3~4层,单层厚度一般0.4~4.5 m,富水性弱,仅供当地居民分散开采使用。根据集聚区内居民实际供水状况,该层地下水埋深41.66~51.96 m,单井出水量一般小于100 m³/d,属贫水区。同时,由于④层为泥岩、粉砂岩互层结构,故碎屑岩类裂隙水多呈层状分布,各含水层间水力联系微弱,无统一水位。

碎屑岩类裂隙水主要接受大气降水入渗补给,受地形地貌、地质构造影响,整体顺地势由高向低处径流,除部分通过构造裂隙进入地下水循环外,大部分以季节性泉水的形式排泄,具有循环深度浅、径流途径短、赋存条件差的特点。主要排泄方式为人工开采和径流排泄。故动态特征为"气象-开采"型。

(2)东区。

东片区勘探深度范围内的地层主要由层①粉土(Q_3^{al+pl})、层②粉质黏土(Q_2^{al+pl})、层③卵石(Q_2^{al+pl})和层④泥岩、粉砂岩(N)构成。其中,层①粉土(Q_3^{al+pl})和层②粉质黏土(Q_2^{al+pl})为包气带,下部层④泥岩则为松散岩类孔隙水的隔水底板。层③卵石颜色较杂,母岩主要为石英砂岩,直径一般为3.0~8.0 cm,最大超过20 cm,磨圆度好,充填物主要为砂土,局部为漂石。该层主要场地内均有分布,层底深度57.0~65.3 m,层厚26.8~47.2 m。厚度由北向南、由西向东逐渐变厚。导水系数为469~1 830 m²/d,渗透系数为39.40~74.69 m/d,水量较丰富。

松散岩类孔隙水的补给方式主要有大气降水、灌溉回渗、河流补给,由于在金山化工一带形成的地下水降落漏斗,故地下水流向由四周向漏斗中心汇流,以人工开采为主要泄水途径,故地下水类型主要为"气象-开采"型。

8.1.5 环境质量现状

评价区内碎屑岩类裂隙水以HCO₃-Ca·Mg(Na)、HCO₃·SO₄·-Ca·Na·Mg型水为主。由于碎屑岩类裂隙水位于丘陵山区,地下水埋深较深,补给源主要来自西部山区侧向径流补给,故水质较好,本次监测因子均符合《地下水质量标准》(GB/T 14848—2017)Ⅲ类。

第四系松散岩类孔隙水埋深较浅，地下水化学交替作用明显，水化学类型较复杂，以 $HCO_3-Ca \cdot Mg(Na)$、$HCO_3 \cdot SO_4-Ca \cdot Mg(Na)$ 为主，个别为 $Cl \cdot HCO_3-Ca \cdot Mg$。除 NO_3^-、NO_2^- 硫酸盐、溶解性总固体、氟化物和铁外，其他指标均满足《地下水质量标准》（GB/T 14848—2017）Ⅲ类标准。硫酸盐、溶解性总固体、氟化物和铁超标主要为原生地质环境所致。NO_3^-、NO_2^- 超标多为人为原因。区内浅层地下水埋藏较浅，包气带岩性以粉土为主，且取样井位于村庄分布区，受人为影响易使地表污水下渗污染地下水。

8.1.6 环境影响预测评价

平原区在非正常工况无防渗、有防渗两种情景下，河南省豫农科技产业园废水池及污水处理站内污染物均未超过检出限，且有防渗时污染物进入地下水的污染物总量较无防渗时小了几个数量级，说明采取防渗措施是防止地下水污染的有效途径。

丘陵区因地下水埋深较深，开展了 50 m 以浅包气带的预测，预测结果为：污水处理池非正常工况下持续泄漏 30 d，污染物总体扩散距离非常小，污染物在包气带中呈似椭圆形向四周扩散，其中向下扩散范围大于水平向外扩散范围，泄漏停止后污染物扩散速度明显慢于持续泄漏时扩散速度，在泄漏停止后 10 年，污染物扩散范围基本稳定。泄漏停止后 20 年内，废水中的 COD 和氨氮污染物扩散范围向下未超出包气带厚度，水平方向上未扩散出厂界。综上所述，厂区一旦发生以上设定的污染物泄漏情景，在泄漏停止后 20 年内不会对深层地下水和周边水井等敏感点产生影响。

8.1.7 地下水环境污染防控措施

集聚区内地下水污染防治措施将按照"源头控制、分区防治、污染监控、应急响应"相结合的原则，从污染物的产生、入渗、扩散、应急响应全方位进行控制。同时，结合集聚区水文地质条件，在集聚区建设场地及周边共布设地下水水质监测井 13 眼，用以长期监控污染物在地下水中运移情况。如发现异常或发生事故，加密监测频次，并分析污染原因，确定泄漏污染源，及时采取应急措施。

同时，针对集聚区内不同类型的生产项目，要充分依据各项目场地包气带的天然防污性能、污染物控制难易程度、污染物特性和主要污水产生装置，相关企业开展相应场地的地下水勘查工作，做好分区防渗措施和地下水监测工作，防止污染物下渗影响地下水。

8.2 建　议

（1）加快集聚区内姚庄、干沟、全义等 19 个未搬迁村庄的拆迁工作，统一规划安置，保障人民的生命和财产安全。

（2）加快集聚区及周边地区城市供水管网的建设，以市政自来水代替浅层地下水，保障集聚区及周边居民的饮水安全。

（3）集聚区金山化工一带已存在地下水漏斗，应减少集聚区内地下水水井的开采数量，避免地下水漏斗的进一步扩大，引发新的地质环境问题。

（4）集聚区东区南北向跨越黄河Ⅱ级阶地和高漫滩两个地貌单元，高漫滩包气带岩性多为粉土、粉砂土,防污性能相对较弱,建议集聚区将产业结构合理布局,在做好分区防渗措施的同时,使产污量较大的企业避开高漫滩区,防止废污水下渗污染地下水。

(5)集聚区内各项目建设前,应按《环境影响评价技术导则 地下水环境》(HJ 610—2016)要求开展地下水勘查和评价工作。

参 考 文 献

[1] 花莉,党方琳,赵丹洋. 陕西农田土壤新烟碱类农药残留和生物有效性[J]. 农业环境科学学报, 2024,43(7):1524-1532.

[2] 张伟,古文,范德玲,等. 滁河南京段环境介质中环状挥发性甲基硅氧烷的污染水平与生态风险评价[J]. 生态与农村环境学报, 2024,(2):213-221.

[3] 费勇强,黄爱民,罗义,等. 基于 Maxent 与电路理论的大熊猫栖息地内废弃矿山生态修复研究[J]. 环境工程技术学报,2024(2):622-632.

[4] 张守文,李咏梅,王彩,等. 焦化厂污染土壤中 18 种 PAHs 分布特征及健康风险评估[J]. 生态与农村环境学报,2024(2):266-275.

[5] 吴汾奇,张伟红,董军,等. 我国焦化场地地下水污染修复技术筛选方法及应用研究[J/OL]. 中国环境科学,[2024-02-22].

[6] 韩宇萱,苏晓红,韩琳,等. 基于机器学习的液态粪污农田施用氨排放系数研究[J/OL]. 农业环境科学学报,[2024-02-20].

[7] 杜中海,董艳红,刘方圆,等. 电动力耦合循环井技术修复低渗透含水层污染[J]. 中国环境科学, 2024,44(2):841-850.

[8] 易树平,方铖,刘君全,等. 地下水环境智慧监管技术集成与平台应用研究[J]. 中国环境监测, 2024,40(1):45-52.

[9] 王亚,曹小芳,叶珊,等.雷州半岛地下水水质空间分布特征及铁、锰、pH 超标的水文地球化学成因探析[J]. 中国环境监测,2024,40(1):183-197.

[10] 江宇威,李巧,陶洪飞,等. 奎屯河流域 2017—2023 年地下水水化学特征及成因分析 [J]. 人民长江,2024(5):66-74.

[11] 刘洁,鞠天宇,邓圣,等. 基于大型地下水试验装置的复合有机污染物迁移性能关键影响参数研究[J/OL]. 环境化学[2024-02-05].

[12] 孙德慧,张琛,耿梅梅,等. 液相色谱-质谱法测定土壤中的溴敌隆[J]. 分析科学学报,2024(1): 117-120.

[13] 彭聪,梁建宏,任坤,等. 基于 PCA-APCS-MLR 模型的滇池流域地下水质量影响因素定量识别[J]. 环境科学研究,20024,37(5):1116-1126.

[14] 李宝玲,杨丽虎,宋献方,等. 沙颖河典型河段河岸带土壤理化性质对地下水氮污染的影响[J]. 中国环境科学,2024(7):406-416.

[15] 郑敬,潘琦,王玉欣,等. 填埋场及周边地下水中氯代有机物组成与风险研究[J]. 环境工程技术学报,2024,14(1):89-97.

[16] 周礼洋. 典型有机化工厂污染地块氯代烃分布特征及基于蒙特卡洛模拟的风险评估[J].环境工程技术学报,2024,14(1):98-111.

[17] 陈帆,史浙明,贾永锋,等. 场地污染地下水抽出处理系统井群加权优化方法研究[J]. 水文地质工程地质,2024,51(1):201-214.

[18] 安永凯,张岩祥,闫雪嫚. 基于自适应多保真度 Co-Kriging 代理模型的地下水污染源反演识别[J]. 中国环境科学,2024(3):44.

[19] 刘媚,郇环,谢先军,等. 基于 ETD 模型的化工园区地下水中优控污染物筛选方法研究[J]. 安全

与环境工程, 2023, 30(6): 192-201.

[20] 黄莎莎, 牛燕燕, 成东梅, 等. 济源市丘陵山区农业产业高质量发展的经验做法和建议[J]. 农业科技通讯, 2023(11): 37-39, 43.

[21] 张家兴, 王楠. 渗漏区地下水水位波动对石油类污染物迁移影响模拟研究[J]. 环境科学与管理, 2023, 48(11): 79-83.

[22] 尹雪梅. 生态导向的丘陵地区航空产业园规划策略研究[C]// 中国城市规划学会. 人民城市, 规划赋能: 2023 中国城市规划年会论文集(08 城市生态规划). 中国航空规划设计研究总院有限公司(本部), 2023: 17.

[23] 汪标, 易庆林, 牛岩, 等. 地下水动态作用下大型碎裂顺层岩质滑坡变形响应规律分析[J]. 岩石力学与工程学报, 2023, 42(Sup. 2): 4140-4151.

[24] 陈秋文. 黄土丘陵区两典型森林群落土壤水分时空动态及影响因素[D]. 咸阳: 西北农林科技大学, 2023.

[25] 李晨. 基于水质水量的浅层地下水演化及优化调控研究[D]. 北京: 华北电力大学(北京), 2023.

[26] 李发鹏, 韩中华. 北京市地下水储备管理保护的主要做法与启示[J]. 水利发展研究, 2023, 23(4): 21-24.

[27] 乔靖芬. 孟州市: "互联网+植树"助力国土绿化提质增效[J]. 资源导刊, 2023(4): 43.

[28] 苏贵芬. 阜阳集中式地下水饮用水源地水地球化学特征及安全利用技术研究[D]. 合肥: 中国科学技术大学, 2023.

[29] 原明. 乡村振兴背景下豫北地区农产品物流发展对策[J]. 现代营销(上旬刊), 2023(3): 95-97.

[30] 刘娜, 陈安, 徐继刘, 等. 焦作矿区地下水水文地球化学模拟[J]. 地质灾害与环境保护, 2022, 33(4): 121-128.

[31] 龚李莉, 蔡梅, 王元元, 等. 新时期水资源保护面临的形势及对策建议: 以上海市为例[J]. 人民长江, 2023, 54(Sup. 1): 39-44.

[32] 姜涛, 陈瑞杰. 县域产业发展时空演化特征及影响因素研究: 以河南省县域三大产业为例[J]. 统计与管理, 2022, 37(9): 62-72.

[33] 王永士, 刘德兴, 聂元军, 等. 豫北山区建设谷子产业聚集区的研究与分析[J]. 农业科技通讯, 2022(7): 179-180, 188.

[34] 赵明阳. 基于规划管控视角的焦作市产业集聚区空间绩效研究[D]. 长春: 吉林建筑大学, 2022.

[35] 申克, 苟成宝. 孟州市农村集体经济发展的分析与思考[J]. 河南农业, 2022(13): 10.

[36] 柯增鸣. 黄土丘陵区治沟造地新造耕地水盐空间分布及运移机制[D]. 咸阳: 西北农林科技大学, 2022.

[37] 杜泽兵. 资源枯竭型城市生态需求、供给与补偿体系研究[D]. 焦作: 河南理工大学, 2022.

[38] 谢淑华, 段昌莉, 刘志浩. 城市生态与环境规划[M]. 武汉: 华中科技大学出版社, 2021.

[39] 李久辉. 地下水 LNAPLs 污染溯源辨析[D]. 长春: 吉林大学, 2021.

[40] 麦叶鹏. 基于多尺度试验、监测和模型模拟的低影响开发措施雨水径流控制效应研究[D]. 广州: 华南理工大学, 2021.

[41] 任培. 资源深度开发与产业园区布局浅谈[J]. 中国集体经济, 2020(27): 17-18.

[42] 何安弟. 重庆地热水资源勘查与评价技术研究[M]. 重庆: 重庆大学出版社, 2020.

[43] 刘日捷. 基于回复力原则的规划环境影响跟踪评价制度的完善[D]. 郑州: 河南财经政法大学, 2020.

[44] 朱大奎, 王颖. 环境地质学[M]. 南京: 南京大学出版社, 2020.

[45] 邵东国, 顾文权, 林忠兵. 农业水资源规划与管理[M]. 北京: 中国水利水电出版社, 2020.

[46] 董璟琦. 污染场地绿色可持续修复评估方法及案例研究[D]. 北京：中国地质大学(北京)，2019.

[47] 张先起,赵文举,穆玉珠,等. 人民胜利渠灌区地下水演变特征与预测[M]. 北京：中国水利水电出版社,2019.

[48] 徐水平. 岩土与水利生物工程产业发展新战略：评《工程地质及水文地质》[J]. 岩土工程学报, 2019,41(7):1383.

[49] 刘小京,张喜英. 农田多水源高效利用理论与实践[M]. 石家庄：河北科学技术出版社,2018.

[50] 石伯勋,司富安,蔡耀军,等. 水利勘测技术成就与展望[M]. 武汉：武汉理工大学出版社,2018.

[51] 揭筱纹,罗言云,王霞,等. 乡村旅游目的地环境生态性规划与管理[M]. 成都：四川大学出版社, 2018.

[52] 陈益佳. 重庆市万州区土地利用规划环境影响评价研究[D]. 重庆：西南大学,2018.

[53] 谢和平,许唯临,刘超,等. 地下水利工程战略构想及关键技术展望[J]. 岩石力学与工程学报, 2018,37(4):781-791.

[54] 孔思丽,程辉,胡燕妮,等. 工程地质学[M]. 重庆：重庆大学出版社,2017.

[55] 李佩成. 水文地质学原理[M]. 北京：中国水利水电出版社,2017.

[56] 《第一次全国水利普查成果丛书》编委会. 地下水取水井基本情况普查报告[M]. 北京：中国水利水电出版社,2017.

[57] 严力蛟,黄璐. 绿色产业发展模式研究：浙江省武义县"三园"之路[M]. 北京：新华出版社,2016.

[58] 张俊华,张佳宝,贾科利. 氮素和盐碱胁迫下作物与土壤光谱特征研究[M]. 银川：宁夏人民出版社,2016.

[59] 李心慧,王旋,朱嘉伟. 基于生态足迹法的土地利用规划环境影响评价：以禹州市为例 [J]. 中国农学通报,2016,32(5):67-74.

[60] 何志宁. 中国城市文化产业园社会与经济功能分析[M]. 南京：东南大学出版社,2015.

[61] 栗俊江,朱朝霞. 水文地质分析与应用[J]. 岩土力学, 2015,36(3):868.

[62] 张宝军,王国平,袁永军,等. 水处理工程技术[M]. 重庆：重庆大学出版社,2015.

[63] 魏进兵,高春玉. 环境岩土工程[M]. 成都：四川大学出版社,2014.

[64] 王兴平,朱凯,李迎成. 集约型城镇产业空间规划[M]. 南京：东南大学出版社,2014.

[65] 宋洪伟,张翼龙,刘国辉,等. 综合电法在太行山区地下水勘查实例解析[J]. 水文地质工程地质, 2012,39(2):23-29.

[66] 祝彦知,程楠. 基于灰色马尔可夫模型的区域地下水位动态预报[J]. 岩土工程学报, 2011, 33 (Sup. 1):78-82.

[67] 刘桂芳. 黄河中下游过渡区近20年来县域土地利用变化研究[D]. 开封：河南大学,2009.

[68] 原国红,马琳. 水文地质参数自动监测处理系统的研制与应用[J]. 岩石力学与工程学报, 2009, 28(4):834-839.

[69] 苏锐,宗自华,季瑞利,等. 综合钻孔测量技术在导水构造水文地质特征评价中的应用[J]. 岩石力学与工程学报,2007(Sup. 2):3866-3873.

[70] 韩子夜,武毅,杨进生,等. 西部严重缺水地区地下水勘查技术方法体系研究[J]. 水文地质工程地质, 2007(2):81-86.